2014年制定

公共土木設計施工
標準請負契約約款の解説

編著 土木学会 建設マネジメント委員会
　　 契約約款企画小委員会
監修 小澤一雅、松本直也

JSCE 公益社団法人 土木學會
Japan Society of Civil Engineers

Guidebook for the General Conditions of Design-Build Contract for Public Works of Civil Engineering Constructions

April, 2015

Japan Society of Civil Engineers

まえがき

本書は、2014(平成 26)年 12 月に(公社)土木学会において制定された「公共土木設計施工標準請負契約約款」の解説書である。同約款は、公共土木工事に適用される契約約款として、民間の一機関である土木学会が我が国で初めて制定するものである。

同約款は、土木学会建設マネジメント委員会内に設置された契約約款企画小委員会において、その原案が作成され、2014(平成 26)年 1 月に建設マネジメント委員会内に設置された契約約款制定小委員会において、その内容の審議が行われ、制定に至っている。

土木学会建設マネジメント委員会においては、1990 年代から公共調達に関する議論を継続して実施してきた。特に、2007(平成 19)年 6 月からは、毎月「公共調達を考えるシリーズ」としてシンポジウムを開催し、我が国の公共調達制度の改革のための議論を積み重ね、2008(平成 20)年 5 月の最終回において、土木学会において取り組むべき事項の一つとして、契約約款の発刊を目指すことが示されている。これまでの一般競争入札や総合評価方式の導入・拡大という企業選定方式の議論だけでなく、産官学の土木技術者が集まる土木学会において、支払方法や受発注者間のリスク分担、契約変更のあり方等を含めた契約に関する議論を深めることが重要と考えたからである。

契約約款企画小委員会においては、最初に取り上げる契約約款として設計・施工一括発注方式に適用できる設計施工請負契約約款の作成を目指すこととした。現在、CM(コンストラクションマネジメント)方式に適用できる契約約款の原案作成も並行して進めている。時代の要請に応じて、新しい契約約款の作成を考えたい。

公共土木設計施工標準請負契約約款の作成にあたっては、我が国の公共土木工事において活用されることを想定し、これまで広く使われてきた「公共工事標準請負契約約款」(昭和 25 年 2 月 21 日　建設省中央建設業審議会決定)および「公共土木設計業務等標準委託契約約款」(平成 7 年 5 月 26 日　建設省経振発第 49 号)を基本に作成することとした。これまでの我が国の公共土木工事の現場において確立された発注者側の監督職員や調査職員、受注者側の監理技術者や管理技術者の立場や役割を尊重し、契約図書の一部である共通仕様書等を可能な限り有効活用することを想定したからである。本解説書は、公共土木設計施工標準請負契約約款の策定における議論に基づき、この契約約款を契約書として運用するにあたって、特に、留意すべき事項を逐条で解説したものである。

最後に、本約款の制定ならびにこの解説書作成にあたってご尽力いただいた契約約款制定小委員会および契約約款企画小委員会の委員各位に心より御礼申し上げるとともに、この約款が広く活用され、我が国の公共土木工事において設計・施工一括発注方式が有効に活かされることを祈念する次第である。

2015(平成 27)年 4 月吉日

公益社団法人　土木学会建設マネジメント委員会
契約約款企画小委員会
委員長　小澤一雅(東京大学大学院工学系研究科)

目　　次

1. **設計・施工一括発注方式の導入経緯** 1
   - 1.1　設計施工分離原則 1
   - 1.2　概略発注方式 1
   - 1.3　設計・施工一括発注方式の試行導入 1
   - 1.4　試行導入後の位置づけ 3
   - 1.5　品確法の制定 4
   - 1.6　国土交通省の委員会・懇談会による検討の経緯 5
     - 1.6.1　公共工事における総合評価方式活用検討委員会 5
     - 1.6.2　国土交通省直轄事業の建設生産システムにおける発注者責任に関する懇談会 5
     - 1.6.3　総合評価方式の活用・改善等による品質確保に関する懇談会 5
     - 1.6.4　国際的な発注・契約方式の活用に関する懇談会 6
   - 1.7　設計・施工一括発注方式の導入事例とその適用目的 6
     - 1.7.1　国土交通省発注工事の事例 6
     - 1.7.2　設計・施工一括発注方式の適用目的 6

2. **設計・施工一括発注方式の制度の概要** 9
   - 2.1　関連する入札契約制度 9
     - 2.1.1　総合評価方式 9
     - 2.1.2　技術提案審査方式、技術対話方式 10
     - 2.1.3　総価契約単価合意方式 10
     - 2.1.4　VE 10
   - 2.2　設計・施工一括発注方式導入のメリット・デメリットと制度構築の課題 11
     - 2.2.1　導入のメリット・デメリット 11
     - 2.2.2　制度構築の課題 13
   - 2.3　標準契約約款の必要性 14
   - 2.4　現行制度の概要と本契約約款における対応 15
     - 2.4.1　適用対象工事 15
     - 2.4.2　適用時期 17
     - 2.4.3　受注者の体制（建設コンサルタントの扱い） 17
     - 2.4.4　工事発注方式 19
     - 2.4.5　設計の確認 20
     - 2.4.6　総価契約単価合意方式の適用 21
     - 2.4.7　リスク分担 22

3. **契約約款策定の基本方針** 23
   - 3.1　契約約款の適用範囲 23
   - 3.2　契約約款策定にあたっての基本的な考え方 24

3.3	実施体制	25
3.4	設計及び施工に関する技術者等	26
3.4.1	技術的な管理（監理）を行う技術者等の配置	26
3.4.2	配置技術者等の兼務	28
3.5	設計に関する競争参加資格要件	30
3.6	設計成果物の扱い	31
3.7	設計費の支払い	32
3.8	契約約款で前提としている契約図書	34
3.8.1	契約図書の構成	34
3.8.2	設計図書の定義	35

4. 逐条解説 ... 36

- 4.1 契約約款の条項構成 ... 36
- 4.2 逐条解説 ... 38
  - （公共土木設計施工請負契約書）... 38
  - 第1条（総則）... 40
  - 第2条（関連工事の調整）... 43
  - 第3条（請負代金内訳書及び工程表）... 44
  - 第4条（契約の保証）... 46
  - 第5条（権利義務の譲渡等）... 47
  - 第5条の2（著作権の譲渡等）... 48
  - 第6条（施工の一括委任又は一括下請負の禁止）... 49
  - 第6条の2（A）（設計の一括再委託等の禁止）... 50
  - 第6条の2（B）（設計の再委託）... 50
  - 第7条（施工の下請負人の通知）... 51
  - 第7条の2（設計の再委託又は下請負人の通知）... 52
  - 第7条の3（設計受託者との委託契約等）... 53
  - 第8条（特許権等の使用）... 55
  - 第9条（監督員）... 56
  - 第10条（現場代理人及び主任技術者等）... 58
  - 第10条の2（管理技術者）... 60
  - 第10条の3（設計主任技術者）... 61
  - 第10条の4（照査技術者）... 62
  - 第10条の5（技術者等の兼務）... 63
  - 第11条（履行報告）... 65
  - 第12条（工事関係者に関する措置請求）... 66
  - 第13条（工事材料の品質及び検査等）... 68
  - 第13条の2（設計成果物及び設計成果物に基づく施工の承諾）... 69
  - 第14条（監督員の立会い及び工事記録の整備等）... 70

条	内容	頁
第15条	（支給材料及び貸与品）	71
第16条	（工事用地の確保等）	72
第17条	（設計図書不適合の場合の改造義務及び破壊検査等）	73
第18条	（条件変更等）	74
第19条	（設計図書の変更）	76
第20条	（工事の中止）	77
第21条	（受注者の請求による工期の延長）	78
第22条	（発注者の請求による工期の短縮等）	79
第23条	（工期の変更方法）	80
第24条	（請負代金額の変更方法等）	81
第25条	（賃金又は物価の変動に基づく請負代金額の変更）	82
第26条	（臨機の措置）	83
第27条	（一般的損害）	84
第28条	（第三者に及ぼした損害）	85
第29条	（不可抗力による損害）	86
第30条	（請負代金額の変更に代える設計図書の変更）	88
第31条	（検査及び引渡し）	89
第32条	（請負代金の支払）	90
第33条	（部分使用）	91
第34条	（前金払及び中間前金払）	92
第35条	（保証契約の変更）	94
第36条	（前払金の使用等）	95
第37条	（部分払）	96
第38条	（部分引渡し）	98
第39条	（債務負担行為に係る契約の特則）	99
第40条	（債務負担行為に係る契約の前金払［及び中間前金払］の特則）	100
第41条	（債務負担行為に係る契約の部分払の特則）	101
第42条	（第三者による代理受領）	102
第43条	（前払金等の不払に対する工事中止）	103
第44条	（瑕疵担保）	104
第45条	（履行遅滞の場合における損害金等）	105
第46条	（公共工事履行保証証券による保証の請求）	106
第47条	（発注者の解除権）	107
第48条		109
第49条	（受注者の解除権）	110
第49条の2	（解除の効果）	111
第50条	（解除に伴う措置）	112
第51条	（火災保険等）	115
第52条	（あっせん又は調停）	116

第 53 条（仲裁） 118
第 54 条（情報通信の技術を利用する方法） 119
第 55 条（補則） 120

5. 特記仕様書における記載事項 121
5.1 発注者と受注者のリスク分担 121
5.1.1 リスク分担に関する基本的な考え方 121
5.1.2 リスクの要因と分担の原則 122
5.1.3 リスク分担の記載例 125
5.2 設計成果物の提出期限等 127
5.3 共通仕様書の読み替え等 128

6. Q＆A 129

7. 資料 132
7.1 公共土木設計施工標準請負契約約款 132
7.2 設計業務等共通仕様書及び土木工事共通仕様書の読替条等の例 164
7.2.1 設計業務等共通仕様書（第1編 共通編）の読替条の例 164
7.2.2 土木工事共通仕様書（第1編 共通編 1－1－1－2 用語の定義、1－1－1－14 設計図書の変更）の読替条の例 188
7.2.3 用語の定義の追加条の例（設計業務等共通仕様書及び土木工事共通仕様書に共通） 193
7.3 公共土木設計施工標準請負契約約款の制定の経緯 194
7.3.1 背景 194
7.3.2 標準契約約款の策定体制 194
7.3.3 制定の経緯 194

1. 設計・施工一括発注方式の導入経緯

1.1　設計施工分離原則

　建設省直轄工事の実施方式ついては、事業量の増加に伴い1950年代に入ると直営工事主体から請負工事に移行し、1950年代後半には設計業務についても外注化が始まった。1959(昭和34)年1月の事務次官通達「土木事業に係わる設計業務などを委託する場合の契約方式等について」において『設計業務の受託者には、原則として、当該設計に係る工事の入札に参加させ、又は当該工事を請負わせてはならないものとする』とし、設計施工分離が発注方式の原則とされた。

　この規定は「土木設計業務等委託契約書の制定について」(平成7年6月30日付け建設業契発第26号)により廃止されたが、「一般競争入札方式の実施について」(平成6年6月21日付け建設省厚発第260号)等により同趣旨の規定がなされている。一方、「公共事業の入札・契約手続きの改善に関する行動計画」(平成6年1月8日、閣議了解)に同様の規定があるが、それに続き『ただし、当初より一体として発注される場合、(略)を除く。』とされ、設計・施工一括発注方式による場合も想定していることがわかり、「設計施工分離原則」を規定しているとは必ずしも言えない表現となっている。

1.2　概略発注方式

　設計・施工一括発注方式の本格的な導入以前から設計付きで工事を発注する方法が災害復旧工事や経済対策における早期契約において活用されてきた。

　1971(昭和46)年10月の通達「事業促進に関する当面の措置について」においては、事業量の増大に対応して、早期契約制の活用のために『必要に応じ、概略(数量)発注を行なうことができる』とされている。この概略数量発注は設計付工事発注とする場合と設計を別途発注する場合があるが、標準断面等により算出した仮の数量で発注し実施設計の完了後に確定した数量に基づき契約変更を行う方式であり、実施設計と工事の準備を並行して進める点では設計・施工一括発注方式の利点が活かされる。しかし、当初から契約変更を前提とするなど本契約約款が対象とする工事とは異なるものである。

1.3　設計・施工一括発注方式の試行導入

　公共工事の発注における設計施工分離原則の例外措置として設計・施工一括発注方式導入の検討がはじまったのは1990年代の半ばからであり、一般競争入札方式の本格的な採用や外国企業の公共工事への本格的参入等の競争性の増大、公共工事のコスト縮減対策の推進などの動きが急速に進展した時期にあたる。

　競争性の増大、コストの縮減は、いずれも公共工事の品質を確保することが前提であり、公共工事の品質確保が極めて重要な課題となったことから、1994(平成6)年12月に農林水産省、運輸省、建設省が共同で事務局となり、学識経験者等よりなる「公共工事の品質に関する委員会」(委員長：近藤次郎東京大学名誉教授)を設置し、公共工事の品質を確保・向上するための方策の検討が進められ、品質確保・向上のインセンティブを付与するための方策として設計・施工一括発注方式の検討を行う必要があるとされた。

　これを受け、1998(平成10)年2月には建設省が「公共工事の品質確保等のための行動指針」

において「設計・施工技術の一体的活用方式」について『公共工事においては、「設計・施工分離」を原則。個々の業者等が有する設計・施工技術を一括して活用することが適当な工事について、直轄事業で試行的に導入』とし、設計・施工一括発注方式の試行導入を政策として決定し、1997（平成9）年度の「横浜植防羽田出張所くん蒸設備その他工事」、「花宗水門機械設備製作据付工事」、1998（平成10）年度の「白岩砂防堰堤右岸部岩盤補強工事」において設計・施工一括発注方式の試行を開始した。

さらに、1998（平成10）年2月の中央建設業審議会建議「建設市場の構造変化に対応した今後の建設業の目指すべき方向について」においても、多様な入札・契約方式の導入のひとつとして、設計・施工一括発注方式が、『公共工事における設計は、発注者自らが行うか、又は技術力のある設計者に委託して行うのが基本であり、設計と施工を分離して発注することを原則としているが、これは、施工段階での競争性を確保する必要があること、施工者の判断が発注者の利益に必ずしも一致しないこと等によるものである。しかしながら、特別な場合には、設計・施工を一括して発注することが合理的なこともある。特殊な施設等について設計技術が施工技術と一体で開発されるなどにより、個々の業者等が有する特別な設計・施工技術を一括して活用することが適当な工事については、設計・施工分離の原則の例外として、概略の仕様や基本的な性能・設計等に基づき、設計・施工を一括して発注する方式の導入が必要と考えられる。この方式においては、適正な設計・施工を確保するため、設計案等について事前審査した上で、価格競争を行うことになる。』とされている。

このように、設計・施工一括発注方式導入期の考え方として、設計施工分離原則の例外的措置であることが強調される（1重下線部）とともに、適用する工事としては企業特有の技術が活かせる工事に限定している（2重下線部）ことが特徴である。

公共工事への導入への動きが始まった1998（平成10）年6月に、土木学会が、建設省及び日本道路公団からの委託研究業務として「設計・施工技術の一体的活用方式の公共工事への適用性に関する研究業務報告書」（以下、「1998 土木学会報告書」という。）をとりまとめている。ここでは国内外の設計・施工一括発注方式の工事の事例を収集整理するとともに、我が国の公共工事への設計・施工一括発注方式の適用性について検討され、明確な将来展望を示すには至らなかったものの以下の今後の研究課題の論点が記述されている。

> (1) 従来方式（設計施工分離）のオルタナティブを用意するという立場からどのような特性をもったプロジェクトで設計・施工一括発注方式が有効に機能し利点を発揮し得るのか可能性を示すこと。
> (2) 設計・施工一括発注方式の適用対象となりうるプロジェクトとして以下を挙げたうえでそれぞれについて明確化すべきルールを提示。
>   ① 設計の早期段階から施工技術の専門家が参画することが合理的なプロジェクト
>   ② 性能・機能・価格の点で競合しうる、複数の施工方法もしくは部材製造技術が存在し、そのいずれを採用するかで基本設計内容が異なってくるプロジェクト
>   ③ 小規模な地方自治体などインハウスの技術者数が限られている事業体が発注するプロジェクト
>   ④ 災害復旧など事業の早期完遂に優先度があるプロジェクト

> ⑤ 公有地を対象にした事業コンペプロジェクト
> (3) 設計・施工一括発注方式が導入されるための必要条件
> ① リスク分担ルールの明確化
> ② 発注者による設計内容のコントロール方法の明確化
> ③ デザインビルダーの選定ルールシステム
> (4) 総合的視点として工事発注規模、分離分割発注の基本方針、各当事者の技術的役割、リスク分担の明確化とシステム（制度・運用・慣習）としての健全性、コスト償還条件に関する当事者間の相互関係・役割・責任・リスク分担のルール化。

2001（平成13）年3月には、国土交通省（建設省）等公共工事の発注官庁が共同事務局となり、「設計・施工一括発注方式導入検討委員会」が設置され、設計・施工一括発注方式の基本的な考え方、設計・施工一括発注方式適用の考え方、リスク分担、企業選定手続、予定価格及び設計変更、設計・施工時の発注者の関与等を内容とする報告書（以下、「2001報告書」という。）が取りまとめられた。建設省における設計・施工一括発注方式の試行が開始され、まだ試行件数も少ない段階での報告書であるが、その後の試行工事の考え方の基本となったものである。

1.4 試行導入後の位置づけ

設計・施工一括発注方式の試行導入後においても、公正な競争の促進、コスト縮減、品質の確保等を目的とした多様な入札契約方式のひとつとして活用が謳われている。

2000（平成12）年11月に「公共工事の入札及び契約の適正化の促進に関する法律」（以下、「入札契約適正化法」という。）が公布され、同法第15条の規定にもとづき、「公共工事の入札及び契約の適正化を図るための措置に関する指針」が2001（平成13）年3月に閣議決定された。『公正な競争を促進するための入札及び契約の方法の改善に関すること』のひとつとして、『公共工事を受注する建設業者の技術開発を促進し、併せて公正な競争の確保を図るため、民間の技術力の活用により、品質の確保、コスト縮減等を図ることが可能な場合においては、各省各庁の長等は、入札段階で施工方法等の技術提案を受け付ける入札時VE（バリュー・エンジニアリング）方式、施工段階で施工方法等の技術提案を受け付ける契約後VE方式、入札時に設計案等の技術提案を受け付け、設計と施工を一括して発注する設計・施工一括発注方式等民間の技術提案を受け付ける入札及び契約の方式の活用に努めるものとする。』とされている。

また、入札契約適正化法第17条では、国土交通大臣及び財務大臣が各省庁の長に対し、また、国土交通大臣及び総務大臣が地方公共団体に対し、適正化指針に従って講じた措置の状況について報告を求めることができ、その報告は毎年度取りまとめられ概要を公表するものとされた。2012（平成24）年9月1日時点の設計・施工一括発注方式の導入状況は次のとおりである。

	国	特殊法人等	都道府県	指定都市	市町村
導入済み	5	35	24	8	109
実施するのに適切な工事があれば導入する予定	1	28	1	3	29
未定	13	63	22	9	1583

2001（平成13）年3月の「平成13年度国土交通省所管事業の執行について」において、『工事の発注に当たっては、対象工事等の特徴に応じて、VE方式、総合評価方式、設計・施工一括発注方式等の企業が有する技術力が反映できる入札・契約方式の一層の活用を図ること。』されており、以降2005（平成17）年度まで毎年度の事業執行に関する通達に同様の記述が行われている。

コスト縮減施策としては、2000（平成12）年9月の「公共工事コスト縮減対策に関する新行動指針」及び2003（平成15）年9月の「公共事業コスト構造改革プログラム」では技術提案を受ける調達方式が記述されているものの設計・施工一括発注方式については明示されていなかったが、2008（平成20）年3月の「国土交通省公共事業コスト構造改善プログラム」においては『設計施工一括発注（デザインビルド）方式、詳細設計付き施工発注方式、本体・設備一括発注方式の活用を推進する。』と設計・施工一括発注方式の活用が明記され、施策の具体事例として、試行の拡大、マニュアル等の整備が挙げられている。

2005（平成17）年12月に設置された中央建設業審議会のワーキンググループでは、地方公共団体の入札制度改革支援方策として2007（平成19）年3月に第二次中間とりまとめを行い、発注者の能力と工事の態様に応じた多様な調達手段の活用方策の一つとして、設計・施工一括発注方式の活用が謳われている。

1.5　品確法の制定

2005（平成17）年4月に施行された「公共工事の品質確保の促進に関する法律」（以下、「品確法」という。）は、総合評価方式を推進するとともに、設計・施工一括発注方式を適用する場合に必要な手続き等に法的根拠を与えるものとなっている。

設計・施工一括発注方式では発注者は競争参加者から提出された技術提案を審査するが、提案の自由度が高いため内容の確認のためのヒアリング（技術対話）や発注者からの提案の改善要求等のプロセスが不可欠である。品確法においては、第12条に技術提案を求め審査することに関する規定があり、第13条には、『発注者は、技術提案をした者に対し、その審査において、当該技術提案についての改善を求め、又は改善を提案する機会を与えることができる。この場合において、発注者は、技術提案の改善に係る過程について、その概要を公表しなければならない。』と技術提案の改善について規定している。

また、設計・施工一括発注方式の場合には競争参加者から発注者の積算基準類にない新技術・新工法等が提案されることが考えられるが、その場合、予定価格の設定が困難であったり、予定価格の上限拘束性のために性能、品質に優れた提案が排除されるおそれがある。品確法第14条には『発注者は、高度な技術又は優れた工夫を含む技術提案を求めたときは、当該技術提案の審査の結果を踏まえて、予定価格を定めることができる。この場合において、発注者は、当該技術提案の審査に当たり、中立の立場で公正な判断をすることができる学識経験者の意見を聴くものとする。』とされ、競争参加者からの技術提案をもとに予定価格を定めることを可能にしている。

品確法は2014（平成26）年6月に改正され、発注者は工事の性格、地域の実情等に応じて多様な入札契約の方法を選択することができるとされた。

1.6　国土交通省の委員会・懇談会による検討の経緯

1.6.1　公共工事における総合評価方式活用検討委員会

　公共工事における総合評価方式活用検討委員会は、2005（平成 17）年 4 月より施行された品確法を背景に、総合評価方式をより一層活用促進することを目的に設置された。同年 9 月には、「公共工事における総合評価方式活用ガイドライン」（以下、「2005 ガイドライン」という。）を取りまとめ、より規模の小さな工事やより難易度の低い工事においても活用する方策が示されるとともに、総合評価方式のうち高度技術提案型が設計・施工一括発注方式の対象となることが示された。

　また、2006（平成 18）年 4 月に、「高度技術提案型総合評価方式の手続について」（以下、「2006 高度技術提案型手続き」という。）がまとめられ実施手順とともに、技術対話や技術提案の審査の結果に基づく予定価格の作成方法等が示された。

1.6.2　国土交通省直轄事業の建設生産システムにおける発注者責任に関する懇談会

　建設生産システムの在り方及び諸課題への対応方針についての検討・提言を行うために「国土交通省直轄事業の建設生産システムにおける発注者責任に関する懇談会」（以下、「発注者責任懇談会」という。）が 2006（平成 18）年 5 月に設置され、設計・施工一括発注方式については発注者責任懇談会の総合評価委員会及び品質確保専門部会でフォローアップを含め検討が行われてきた。主な活動成果は次のとおりである。

　2008（平成 20）年 3 月の品質確保専門部会の「平成 19 年度とりまとめ」（以下、「2008 とりまとめ」という。）においては、設計・施工一括発注方式の試行工事について受発注者のアンケートにもとづき課題を抽出している。

　2009（平成 21）年 3 月には「設計・施工一括及び詳細設計付工事発注方式実施マニュアル（案）」（以下、「2009 実施マニュアル」という。）がまとめられ、設計・施工一括発注方式の適用工事、実施手順、リスク分担等についての考え方が示されている。

　2009（平成 21）年度から、新たに「国土交通省直轄事業における公共事業の品質確保の促進に関する懇談会」、「総合評価方式の活用・改善等による品質確保に関する懇談会」及び「調査・設計等分野における品質確保に関する懇談会」の 3 つの懇談会が設置され、発注者責任懇談会の検討事項はこれらに継承されている。

　さらに、2013（平成 25）年度からは、「発注者責任を果たすための今後の建設生産・管理システムのあり方に関する懇談会」が設置され、事業の特性等に応じた多様な入札契約方式に対応するためのガイドラインが検討されている。

1.6.3　総合評価方式の活用・改善等による品質確保に関する懇談会

　「総合評価方式の活用・改善等による品質確保に関する懇談会」は、総合評価方式の活用・改善や多様な入札・契約制度の導入等、入札・契約に関する諸課題への対応方針について有識者から意見を聴取することを目的として設置され、2013（平成 25）年には「国土交通省直轄工事における総合評価落札方式の運用ガイドライン」（以下、「2013 運用ガイドライン」という。）がまとめられた。総合評価方式は高度技術提案型、標準型、簡易型の 3 タイプに分けられてい

たが、見直しの結果、技術提案評価型と施工能力評価型に2極化され、設計・施工一括発注方式は技術提案評価型が適用される。

1.6.4 国際的な発注・契約方式の活用に関する懇談会

　海外の入札契約方式が国内の方式と相違していることを本邦建設業の国際展開を阻む要因の一つと考え、建設産業の国際展開を支援するため、国際的な発注・契約方式を国内における公共工事にも取り入れることを検討する「国際的な発注・契約方式の活用に関する懇談会」が2010（平成22）年9月に設置された。具体的には、第三者技術者の活用とともに、設計・施工一括発注方式等における建設コンサルタント活用が検討対象とされた。2011（平成23）年9月に開催された第4回懇談会において、今後の試行工事に適用する際の参考として、「設計・施工一括発注方式等における建設コンサルタント活用に関する運用ガイドライン（案）」（以下、「2011運用ガイドライン」という。）が提示された。

1.7　設計・施工一括発注方式の導入事例とその適用目的

1.7.1　国土交通省発注工事の事例

　国土交通省国土技術政策総合研究所では，国土交通省における直轄事業の設計・施工一括発注方式で発注された11件の工事を対象にしたフォローアップ調査を2009年度から2011年度にかけて実施している。
　この調査結果は、土木学会論文集（F4（建設マネジメント）、2012）に発表された。表1-1はその論文において各工事における「設計・施工一括発注方式適用の背景」、「総合評価の評価項目」及び「設計・施工一括発注方式適用の効果」について整理したものである。なお「設計・施工一括発注方式適用の効果」の列の工事毎の欄の一番上にゴシック体で記述している評価は、各工事に関係する受発注者に対する書面調査とヒアリング調査から得られた評価内容をもとに、論文の著者が総合的に判断したものとなっている。フォローアップ調査の対象となった工事において、設計・施工一括発注方式の適用による顕著な効果が現れる工事と現れない工事があることがわかり、顕著な効果が現れる工事は，その適用を判断した時点において設計・施工一括発注方式により解決を図りたい課題が明確であったとされている。

1.7.2　設計・施工一括発注方式の適用目的

　わが国より先に設計・施工一括発注方式を導入した米国では「事業期間の短縮」（設計が出来た部分から着工（ファストトラック））、英国では「責任の一元化」（設計変更に対するクレームの抑制）を重視するとともに、両国とも契約履行能力の高い建設業者と契約する手段とする例が多いとされている。
　一方、本章でこれまで述べたように、設計・施工一括発注方式の適用工事は企業特有の技術力を活かせるものとされ、企業選定においても競争参加者の技術提案を評価する方式が採用されている。表1-1の事例においても、工事の課題を受注者の技術力により解決を図ったことが評価されている。このように、建設企業の革新的な技術を導入することがわが国における設計・施工一括発注方式を適用する主な目的であることが特徴である。

表 1-1 設計・施工一括発注方式を適用した工事の状況(1/2)

工事内容		設計・施工一括発注方式適用の背景	総合評価の評価項目	設計・施工一括発注方式適用の効果
立体交差化工事	A工事	・工事対象の交差点は交通渋滞が深刻で立体交差化が求められていた． ・工事期間中の交通規制期間を極力短くする必要があった．	「現場施工期間の短縮」，「現地の条件を踏まえた施工計画の実現性」が評価項目として設定されている． ・「施工計画の実現性」も「現場施工期間の短縮」に関する技術提案の担保を求める評価項目となっている．	<効果あり>と評価できる事例 ・「現場施工期間の短縮」に関しては，標準の現場施工日数に対し約50%削減． ・副次的ではあるが，高架下の見通しが良くなったという景観の改善効果あり．
橋梁工事	B工事	・事業スケジュール全体が遅れていることに伴って，工期短縮が求められていた．	「橋梁上部工及び下部工の設計に係る技術提案（設計の成立性）」，「橋梁上部工及び下部工についての施工計画に係る技術提案（①施工方法，②品質向上のための工夫）」，「周辺住民の生活環境維持対策の提案」が評価項目として設定されている．	<効果が不明瞭>と評価できる事例 ・中間支柱のないトラス式仮設桟橋を採用することにより，出水期対応のための設置撤去が不要となり，工期短縮の効果あり．ただし，総合評価の評価項目との関連性が明確ではないため，効果が不明瞭としている． ・隣接工区の進捗を前提とした技術提案が行われていたが，契約後に隣接工区の進捗が予定通りとならなかったことから，技術提案の内容と異なる対応が必要となった．
	C工事	・環境アセスメントの対象となっており，生態環境に対する配慮が求められていた．	「生態環境に配慮した設計計画，施工計画」に加えて，「維持管理の容易性に関する技術的所見」，「鋼橋の品質耐久性向上」，「床版コンクリートの品質耐久性向上」，「下部工コンクリートの品質耐久性向上」，「容易に補修可能な設計」，「環境の維持」，「交通の確保」，「特別な安全対策」が評価項目として設定されている．	<顕著な効果なし>と評価できる事例 ・設計段階における，生態環境の配慮に係る技術提案として目立ったものがみられず，橋梁の規模や工事特性についても一般的なものであったことから，設計・施工一括発注方式適用に伴う顕著な効果はないとの評価．
	D工事	・架設に大きな制約となる特殊な地形（W字型の地形）となっている工事箇所であった． ・貴重植物の生息があり地形改変を極力小さくする必要があった． ・施工の際のアクセスが片側からに限定されていた．	「設計手法の根拠と妥当性」，「橋梁の耐久性とライフサイクルコストの設計」，「自然環境の保全向上」が評価項目として設定されている．	<やや効果あり>と評価できる事例 ・「周辺環境への影響低減」，「維持管理の容易性」，「景観の向上」にやや効果有りとの評価． ・「LCCの低減」は効果有りと評価．ただし，適用の背景とは直接的な関係がないため，「周辺環境への影響低減」に対する評価を重視．
	E工事	・長大かつ高橋脚構造であるため，積雪寒冷地域であることも踏まえ，供用後の維持管理が困難であることを考慮して，耐久性向上及びLCCの縮減が必要とされていた． ・下部工は既に施工済みのため，技術提案は上部工だけを対象に求めている．	「ライフサイクルコスト低減のための対策」，「品質管理方法」が評価項目として設定されている．	<効果あり>と評価できる事例 ・長期耐久性の確保を見据えた資材の選定や当該橋梁に応じた維持管理マニュアルが整備されたことなどにより，耐久性向上及びLCC低減に効果があったとの評価．
	F工事	・予備設計の比較案が何れも施工実績のない橋梁形式であり，形式選定の判断が困難であった． ・設計・施工一括発注方式とすることで，工事コスト及びLCCの低減を図ることを考えていた．	「維持管理の容易性」，「維持管理費」，「凍結防止剤の散布に配慮」が評価項目として設定されている．	<効果あり>と評価できる事例 ・工事コストは予備設計で算出した同種構造橋梁の概算額に比べ約70%に低減，LCCは予備設計で算出した同種構造橋梁に比べ約20%縮減．
	G工事	・長大橋建設工事であり，長期耐久性の向上，維持管理性の向上が重要と考えられていた．	「100年橋梁として耐久性が確実に確保できる提案」，「維持管理に配慮する提案」，「完成した橋の景観」が評価項目として設定されている．	<効果あり>と評価できる事例 ・提案されたプレキャストのPC版と場所打ちコンクリートの組み合わせであるリブ付き床版は一般的にRC床版に比べ耐久性は向上． ・アーチリブの軽量化や曲率のある平面線形に対応するため，床版構造を道路幅員変化に対応できる構造としたことによりコスト縮減に寄与．

表 1-1　設計・施工一括発注方式を適用した工事の状況(2/2)

工事内容		設計・施工一括発注方式適用の背景	総合評価の評価項目	設計・施工一括発注方式適用の効果
共同溝（シールド）工事	H工事	・シールド及び立坑に複数の工法が考えられ，また，施工延長が長いため，セグメントや施工工法等の工夫による工期短縮やコスト縮減が期待できた． ・建設発生土の抑制が求められていた．	「共同溝及び立坑の実施設計に係る技術提案」，「共同溝及び立坑の施工計画に係る技術提案」，「周辺住民の生活環境維持対策の提案」，「省資源・リサイクルの提案（掘削土量の低減）」が評価項目として設定されている．	<効果あり>と評価できる事例 ・「コスト縮減」，「工期短縮」，「周辺環境への影響低減」など全ての効果評価項目に対して効果あり，あるいはやや効果ありの評価．
	I工事	・河川，鉄道等との近接施工があり，調整が多岐にわたる中で主要構造形式と施工計画を一体的に検討する必要があった． ・周辺環境への影響を小さくする，また，その観点から工期も短縮する必要があった． ・掘削方法やセグメントに関して技術開発が盛んに行われており，コスト縮減を図れる可能性が高い．	・導入目的に対応した評価項目に加えて，発注当時に高度技術提案型の標準的な配点が決まっており，その項目を網羅するため16という多めの評価項目が設定されている．	<効果あり>と評価できる事例 ・「工期短縮」，「機能・性能の向上」，「周辺環境への影響低減」に関して効果ありとの評価． ・深度を深くすることにより曲げに対する軸力の卓越等からの共同溝本体の工事費縮減が実現し，立坑延長による工事費増加は上向きシールドの採用で抑制することが可能となった．
トンネル工事	J工事	・土被りが小さいため，従来の一般的な技術では開削方式によらざるを得ない状況であった． ・トンネル工事区間には生活道路が複数横断しており，その分断に配慮が必要であった． ・第一種低層住居専用地域であることから，施工に伴う騒音・振動等に配慮が必要であった． ・適用判断時期においては，トンネルの完成が事業全体のクリティカルポイントになっており，工期を極力短縮する必要があった． ・開削・非開削を問わず設計・施工一括発注方式として発注することで，懸念事項への対応策の提案がなされることが期待されていた．	・「現場での施工期間の短縮」，「周辺住民の生活環境を考慮した施工計画」，「支障物件の防護及び現状の交差道路の安全に配慮した施工計画」が評価項目として設定されている．	<効果あり>と評価できる事例 ・「現場の施工期間短縮」，非開削であるシールド工法採用による「周辺環境への影響低減」に関して効果ありの評価． ・「工事コストの縮減」，「工事目的物の性能・機能の向上」に関してはやや効果ありの評価． ・「工事目的物の性能・機能の向上」は，高機能鋼繊維補強高流動コンクリートセグメントの採用に伴う耐久性能向上が挙げられている． ・生活道路の一部分断可能を前提とした技術提案が行われていたが，契約後に分断が不可となったことから，技術提案の内容と異なる対応が必要となった．
有脚式離岸堤工事	K工事	・有脚式離岸堤は複数の構造形式があり，必要な機能性能を満足する構造形式を選定し，その構造形式に対応した詳細設計を行う必要があった． ・技術開発が盛んに行われている分野であり，最新の民間の技術やノウハウを活用することが期待されていた．	・「洗掘緩和に対する優位性」，「維持管理に対する優位性」，「杭の施工精度向上」が評価項目として設定されている．	<効果あり>と評価できる事例 ・「工事コストの縮減」，「工事目的物の性能・機能向上」で効果ありの評価． ・既存技術を更に改良した新しい構造の提案があったとの評価がなされている．

出典：川俣裕行，工藤匡貴，佐藤志倫，森田康夫：試行の実施状況を踏まえた設計・施工一括発注方式の適用に関する一考察，土木学会論文集 F4（建設マネジメント），Vol. 68, No.4, I_125-I_136, 2012

（参考文献）

1）松本直也：我が国における設計施工一括発注方式の導入効果の評価手法－国土交通省直轄工事の事例分析を通じて－，東京大学学位論文, 2011

2）埜本信一/編著：公共工事のデザイン・ビルド, 大成出版社, 2008

3）川俣裕行, 工藤匡貴, 佐藤志倫, 森田康夫：試行の実施状況を踏まえた設計・施工一括発注方式の適用に関する一考察, 土木学会論文集 F4(建設マネジメント), Vol. 68, No.4, I_125-I_136, 2012

2. 設計・施工一括発注方式の制度の概要

「1. 設計・施工一括発注方式の導入経緯」で述べたとおり、設計・施工一括発注方式に適用する制度は、主として国土交通省の直轄工事における試行を行いつつ、各種の委員会・懇談会等で検討されてきた。本章では、それらの検討結果をもとに、現行制度の概要をまとめた。なお、委員会・懇談会等の成果は前章で示した「略称」を用いている。

2.1 関連する入札契約制度
2.1.1 総合評価方式

会計法第29条の6においては予定価格の範囲内で最低価格の入札者と契約を行うとする「最低価格自動落札」が規定されているが、同条項には『その性質又は目的から前項の規定により難い契約については、同項の規定にかかわらず、政令の定めるところにより、価格及びその他の条件が国にとって最も有利なものをもつて申込みをした者を契約の相手方とすることができる』との例外規定が設けられており、価格と価格以外の条件を総合的に評価して落札者を決定する総合評価方式の根拠となっている。

総合評価方式の適用については、予算決算及び会計令第91条の2に『各省各庁の長が大蔵大臣に協議して定めるところにより、価格その他の条件が国にとって最も有利なものをもって申し込みをした者を落札者とすることができる』とされ、当初は大蔵大臣（当時）と工事ごとに個別に協議を行っていたが、2000（平成12）年3月に大蔵大臣との包括協議が整い、同方式の普及が図られることになった。この包括協議において、総合評価方式の適用範囲として、『以下の工事（設計施工一括発注を含む。）に係る請負契約を締結しようとする場合に適用する。（以下は略）』とされ、技術提案を受け付ける設計・施工一括発注方式においても総合評価落札方式の適用が可能とされている。

さらに、品確法第3条の2は『公共工事の品質は、建設工事が、目的物が使用されて初めてその品質を確認できること、その品質が受注者の技術的能力に負うところが大きいこと、個別の工事により条件が異なること等の特性を有することにかんがみ、経済性に配慮しつつ価格以外の多様な要素をも考慮し、価格及び品質が総合的に優れた内容の契約がなされることにより、確保されなければならない』としており、公共工事において価格と品質が総合的に優れた内容の契約が求められており、総合評価方式を推進する強力な根拠となっている。

「2005ガイドライン」においては、公共工事の特性（規模、技術的な工夫の余地）に応じて、簡易型、標準型及び高度技術提案型のいずれかの総合評価方式を選択することとされている。このうち、高度技術提案型は『技術的な工夫の余地が大きい工事において、構造物の品質の向上を図るための高度な技術提案を求める場合は、例えば、設計・施工一括発注方式（デザインビルド方式）等により、工事目的物自体についての提案を認める等、提案範囲の拡大に努め、強度、耐久性、維持管理の容易さ、環境の改善への寄与、景観との調和、ライフサイクルコスト等の観点から高度な技術提案を求め、価格との総合評価を行う。』とされ、設計・施工一括発注方式は高度技術提案型総合評価方式によって実施することが基本とされた。

さらに、総合評価方式の抜本的な見直しが行われた結果「2013運用ガイドライン」では、施工能力評価型と技術提案評価型に大別され、設計・施工一括発注方式は技術提案評価型が適

用されることとされている。技術提案評価型はさらに求める技術提案の範囲によりAⅠ型、AⅡ型、AⅢ型、S型に分類され、発注形態の目安としては、工事目的物及び施工方法の提案を求めるAⅠ型及びAⅡ型は設計・施工一括発注方式、部分的な設計変更や高度な施工技術等にかかる提案を求めるAⅢ型は詳細設計付または設計・施工分離とされている。

2.1.2 技術提案審査方式、技術対話方式

入札前に技術提案の提出を求め、提出された提案を審査し、場合によっては技術対話(ヒアリング)を行い提案の改善を要求し、改善された提案を審査する方式である。国土交通省直轄工事では品確法以前から入札時VE方式や総合評価方式との併用で試行されてきたが、品確法第15条に「競争参加者の技術提案を求める方式」、第17条に「技術提案の改善」が規定され、技術提案評価型A型総合評価方式では標準的な手続きとなっている。

2.1.3 総価契約単価合意方式

総価契約単価合意方式は、総価契約後、その内訳として工種ごとの単価について、受注者が提出した単価表を基に、受発注者間で協議・合意し、その合意単価について書面により締結する方式である。我が国では契約価格は総価のみで行う方式が一般的であるが、双務性の不足、変更時等の金額協議が円滑に進まないといった課題が指摘され、多様な入札契約方式の試行の一つとして2001(平成13)年度より試行が実施されている。

設計・施工一括発注方式を適用する高度技術提案型(現行の技術提案評価型A型に相当)においては、総価契約単価合意方式を基本とすることとされている。(「2006高度技術提案型手続き」)

2.1.4 VE

設計施工分離発注方式において施工者の有する技術を反映した設計業務を実施しその設計に基づき工事発注するには限界がある。すなわち、

- 技術の進歩の著しい分野では設計者がそれらの情報をすべてキャッチアップして設計に反映するのは困難である。
- 特定の者しか施工できない設計により工事発注することは発注時点での競争性が確保できずコスト高を招くおそれがあるとともに公平性の観点からも問題である。

このような限界のもと施工者のノウハウを設計に導入するための方策のひとつとして試行実施されているVE(Value Engineering)がある。

設計VEは、事業の早期段階であるため工夫の余地が大きく効果も期待される。しかし、通達「設計VEの試行に関する手続について」(1997(平成9)年10月23日)において、施工者の参加については公正さを確保するため、『VE検討組織に施工技術者等が参加する場合には、原則として施工技術者等が所属する企業及び関連企業は、当該工事への入札参加機会が制限される』こととされているため、施工者にとってはインセンティブが働きにくいという課題がある。

入札時VEは発注者の示した標準案に対し、コスト縮減が可能となる施工方法等に関する技術提案を受け付け、発注者の事前審査で承認された場合、その提案を基に入札することができ

2．設計・施工一括発注方式の制度の概要

る方式である。標準案に対する対案を求めるものであり、現在では総合評価方式において技術提案を求める方式のひとつとなっている。

契約後 VE は契約締結後に、発注者の標準案に対し、受注者からコスト縮減が可能となる施工方法等に関する技術提案を受け付け、発注者の審査で承認された場合、提案を基に施工することができる方式であり、コスト縮減額の１／２が契約変更で減額されるのが一般的である。

木下、高野、加藤（1999）は、建設省が実施した VE の試行工事の結果から導入時期別のコスト縮減率を図 2-1 のようにまとめている。上記の 3 段階の VE はいずれも設計施工分離を前提としているが、設計段階の効果が大きいことが示されており、設計段階から施工者が参画する設計・施工一括発注方式では、コスト縮減の効果が期待できる。

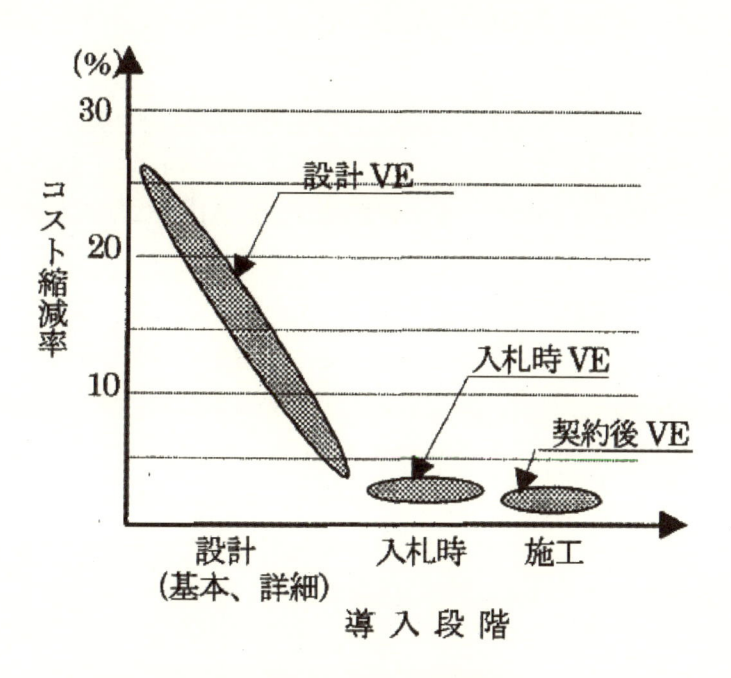

図 2-1 VEの効果

出典：木下賢司, 高野匡裕, 加藤和彦：直轄事業おける設計ＶＥ方式の導入効果と今後の課題, 建設マネジメント研究論文集, Vol. 7, 1999, pp33-40

2.2 設計・施工一括発注方式導入のメリット・デメリットと制度構築の課題

2.2.1 導入のメリット・デメリット

設計・施工一括発注方式は、「2001報告書」では「一つの企業あるいは事業体が一体的に設計と施工を実施するもののうち、設計の契約と工事の契約を同時に行う方式」と定義している。

設計・施工一括発注方式には、設計と施工を同一者が行うこと、設計が確定しない段階で契約が行われることなど、通常の設計と施工を分離する方式と異なることから、通常方式と比較してその導入にはメリットとデメリットが考えられる。

「1998 土木学会報告書」においては、「設計施工一体活用方式」に関して、以下に示すような潜在的利点及び難点が存在することが指摘されている。

> 「設計施工一体活用方式」のもつ潜在的利点（Potential Advantage）
> 1．単一組織が明確な責任をもつ
> 2．発注者自身の調整統合業務（コーディネーション）を軽減できる
> 3．設計期間と施工期間をオーバーラップさせることにより時間削減を期待できる
> 4．段階的施工（phased construction）を採用することで時間削減を期待できる
> 5．施工専門家が設計の当初からかかわれることによるコストダウン、あるいは時間削減の可能性がある
> 6．デザインビルダー内部では変更がやりやすい
> 7．受注者側に設計に関わるリスクを移転できる
> 8．事業の早期段階で事業費を固めることが可能（追加工事の頻発で事業費が予見不可能になる可能性が低い）
>
> 「設計施工一体活用方式」のもつ潜在的難点（Potential Disadvantage）
> 1．施工が立ち上がるまでデザインビルダーにとってのコストが固まらない
> 2．GMP[注1]またはLump Sum[注2]をつけた場合、利益捻出に関心を持つデザインビルド業者からみて、品質性能は副次的に扱われる可能性もある
> 3．チェック・バランス機能が働きにくい。オーナーがコストや工期にかかわる設計・施工に関する問題について、状況把握や意思決定の過程から疎外される可能性がある
> 4．最初の段階で設計基準が明確ではないので、建造物が出来上がった段階で、オーナーが失望したり、各当事者間での紛争を招きやすい
> 5．オーナーのかかわりあいの薄い分だけ、結果がその期待に添わないことがありうる
> 6．もし、デザインビルド業者の選定の前に完全で明快な要求条件の要求をしないと、プロジェクト後期になってからの設計要求条件の変更は困難であり、できるとしても高価である
> 7．設計・施工のインテグレーションの程度は、デザインビルド業者の能力如何となる
> 8．工期延伸についての理由をオーナーがわかりにくい
>
> 注1) GMP：Guaranteed Maximum Price 保証最高価格契約
> 　　　コストプラスフィー契約（経費実費清算+報酬）の考え方に上限価格を提示したもので、コストやフィーがいくら増加しようとも、上限価格までしか支払わない方式。
> 注2) Lump Sum：総価契約
> 　　　費目内訳に関係なく全体（一式）の価格として契約する方式。

「2009実施マニュアル」では、設計・施工一括及び詳細設計付工事発注方式の導入のメリット及びデメリットを以下のとおり示している。

> 　設計・施工一括及び詳細設計付工事発注方式の導入のメリットを以下に示す。これらの効果が十分に発揮されることにより、効率的・合理的な設計・施工の実施、工事品質の一層の向上が図られる。
> 【メリット】
> ○効率的・合理的な設計・施工の実施
> 　・設計と製作・施工（以下「施工」という）を一元化することにより、施工者のノウハウ

> を反映した現場条件に適した設計、施工者の固有技術を活用した合理的な設計が可能となる。
> - 設計と施工を分離して発注した場合に比べて発注業務が軽減されるとともに、設計段階から施工の準備が可能となる。
>
> ○工事品質の一層の向上
> - 設計時より施工を見据えた品質管理が可能となるとともに施工者の得意とする技術の活用により、よりよい品質が確保される技術の導入が促進される。
> - 技術と価格の総合的な入札競争により、設計と施工を分離して発注した場合に比べて、施工者の固有技術を活用した合理的な設計が可能となる。
>
> 一方、以下のようなデメリットがあるため、導入にあたっては留意すべきである。
> 【デメリット】
> ○客観性の欠如
> - 設計と施工を分離して発注した場合と比べて、施工者側に偏った設計となりやすく、設計者や発注者のチェック機能が働きにくい。
>
> ○受発注者間におけるあいまいな責任の所在
> - 契約時に受発注者間で明確な責任分担がない場合、工事途中段階で調整しなければならなくなったり、（発注者のコストに対する負担意識がなくなり）受注者側に過度な負担が生じることがある。
>
> ○発注者責任意識の低下
> - 発注者側が、設計施工を"丸投げ"してしまうと、本来発注者が負うべきコストや工事完成物の品質に関する国民に対する責任が果たせなくなる。

2.2.2 制度構築の課題

このように設計・施工一括発注方式にはメリット・デメリットがあるが、そのメリットを活かし、デメリットを克服するための制度を構築することにより同方式の適用効果を上げることが可能となる。このため、試行工事から得られた知見を踏まえつつ制度面の整備・改善が図られてきた。

まず、これまでの委員会等で示された制度構築の課題を次に示すこととする。

「2008とりまとめ」では、試行を踏まえ、設計・施工一括発注方式における課題を以下のとおり整理している。

> 1．コンソーシアムにおける設計者と製作・施工者の役割分担
> ○ 製作・施工者の固有技術や施工ノウハウを設計へ反映するための設計の実施体制。
> ○ 設計者が施工段階において工事と設計図書との照合等を行う工事監理業務の導入の是非。
> ○ コンソーシアムにおいて、設計者と製作・施工者間の紛争を解決する仕組みが必要。
> 2．設計内容の確認
> ○ 設計・施工分離方式で担保されてきたチェック＆バランス機能を代替する設計確認の方法・体制の構築。

> 3．リスク分担
> ○ 入札時には予見が困難なリスク要因について、受発注者間での最適なリスク分担の設定が必要。
> 4．契約
> ○ 設計・施工一括発注方式に対応した標準契約約款の作成が必要。
> 5．予定価格の算定
> ○ 高度技術提案型総合評価方式を適用する場合には見積もりをもとに予定価格を算定するが、見積もりの妥当性の確認、官積単価への置き換えの負担が大きい。
> ○ 標準案に基づき予定価格を算定する場合には、ある程度の設計が必要。
> ○ リスク管理費（予備費）を設定することの是非。
> 6．技術提案の作成・審査
> ○ 受注者側は技術提案の作成に要する費用負担が大きい。
> ○ 発注者側は技術提案の審査・評価の負担が大きい。特に新技術の適否の判断が困難。

また、「2009実施マニュアル」では、以下を今後の課題としている。

> 【リスクに関する検討】
> ● リスクは様々な条件により発生するため、今後も下記の項目についてフォローアップ調査を行うなど、引き続き検討が必要である。
>   ○ 発注者側の条件明示や情報提供の方法、また、その際の受注者側の認識
>   ○ 設計変更要因や設計変更額
>   ○ 設計承認時の受発注者間のリスク分担や、その後のリスク分担のあり方 等
> 【コンソーシアム活用に関する検討】
> ● 設計・施工分離型発注方式の効果を発現する上で、建設コンサルタントと建設会社の企業連合（コンソーシアム）を活用する場合が考えられる。
> ● コンソーシアムと発注者の契約方法について建設業法上の課題について検討する。
> 【品質確保等に関する検討】
> ● 詳細設計の品質確保のため、第三者の活用について検討する。
> ● 契約方式等に関する法令面からの検討が必要である。
> 【契約約款の作成】
> ● 設計・施工一括及び詳細設計付工事発注方式を普及するためには、同方式の課題を十分に整理したうえで、発注者と受注者が交わす標準契約約款等を作成する必要がある。

2.3 標準契約約款の必要性

「2008とりまとめ」及び「2009実施マニュアル」には制度構築の課題の一つとして標準契約約款の作成が挙げられている。

表2-1は、公共土木分野における設計・施工一括発注方式の適用事例が最も多いと思われる国土交通省での契約内容を整理したものである。基本的には国土交通省として制定されている工事請負契約書に部分修正等を付して設計・施工一括発注方式とした工事に適用しているといえるが、地方整備局等により設計・施工一括発注方式の特性を反映する方法が異なっている。

2．設計・施工一括発注方式の制度の概要

　このように発注者ごとに既往の契約約款等をもとに設計・施工一括発注方式を適用するために必要な事項を契約書もしくは仕様書に追加記述する方法には、次のような問題がある。
① 設計・施工一括発注方式の契約事項として必要な内容が規定されないおそれがある。
② 発注者にとって契約書を作成することが負担となる。
③ 入札参加者は発注案件ごとに契約図書の内容を吟味する必要がある。
　本契約約款は、土木学会建設マネジメント委員会のもとに設置された契約約款制定小員会により審議され、一般からの意見募集（パブリックコメント）を経て制定されたものであり、上記の問題が解消されることにより設計・施工一括発注方式の普及に資するものである。

表 2-1　国土交通省の設計・施工一括発注方式の適用事例における契約書の状況

地方整備局等*	適用契約書の状況
A, B, C	設計・施工分離発注方式での工事請負契約書に土木設計業務等委託契約書の関連する条項を追加・修正した契約書となっており、他の地方整備局等に比べて、設計・施工一括発注方式に対応するための追加・修正条項が多くなっている。
D, E	設計・施工分離発注方式での工事請負契約書とほぼ同じ契約書となっている。設計・施工一括発注方式に対応するための追加・修正は、著作物の譲渡等を規定する条項において、工事目的物に実施設計を行う上で得られた記録等を含ませる等の一部に留まっている。
F	設計・施工分離発注方式の工事請負契約書の末尾に、設計・施工一括発注方式に対応するための付帯条件として、業務委託料、設計技術者及び契約変更の取り扱いを追加で規定している。
G, H, I	設計・施工分離発注方式での工事請負契約書と同じ契約書となっており、設計・施工一括発注方式に対応するための追加・修正条項はない。

出典：「川俣裕行, 馬場一人, 森田康夫：設計・施工一括発注方式に適用する契約書に関する考察, 土木学会論文集F4(建設マネジメント), Vol.69, No.4, ppI_181-I_192, 2013」より作成
*地方整備局等：国土交通省の直轄事業を担当する地方支分部局である全国の8地方整備局及び北海道開発局

2.4　現行制度の概要と本契約約款における対応

　「2.2.2 制度構築の課題」の課題も含め、「1.6 国土交通省の委員会・懇談会による検討の経緯」で挙げた委員会・懇談会等で検討・提示された現行制度の概要を各委員会・懇談会等の成果として公表されている資料をもとに整理するとともに、本契約約款における扱いを述べる。

2.4.1　適用対象工事

　「2001 報告書」では、「設計・施工一括発注方式は、設計と施工を一体的に発注することにより効果が得られることが期待される事業において適用する。」とし、4ケースを挙げている。

> ケース①
> 　施工方法が異なる複数の案が考えられ、施工方法等によって設計内容が大きく変わるなど発注者が設計内容を1つの案に決められず、施工技術に特に精通した者の技術力を得て設計することが必要となる場合。
> 　例えば、技術的に高度な橋梁、シールド等の技術開発が著しい分野や民間が知的所有権を保有する分野の工事などがあげられる。
> ケース②
> 　設備工事等で、設計と製造が密接不可分な場合。
> 　例えば、水門のゲートやごみ焼却場の設備など、メーカーに総合的ノウハウが蓄積されている分野などがあげられる。
> ケース③
> 　完成までに非常に厳しい工程を強いられ、設計を終えてから工事を発注するという時間的猶予が無い場合（契約時点で仕様が不確定であり、仕様の確定に受発注者間の協議を要するような場合を除く）。
> 　例えば、大規模イベント関連の道路工事や災害復旧工事などで、時間的猶予がないものがあげられる。
> ケース④
> 　工事発注用の設計図書として事前に詳細設計レベルまで準備しない場合。例えば、簡単な護岸工事などで標準的な断面図で発注できるような工事。なお、ケース④については、概略発注方式等として既に実施に移されているので、本委員会の検討対象外とする。

　一方、設計・施工を一括で発注すると、問題が発生する可能性の高いことから、当面、以下の場合は設計・施工一括発注方式を適用しないものとしている。

> ① 用地買収が未完了等により着工時期が確定していない場合
> ② 受注者側で負担しなければならないリスクが過度に大きい場合
> ③ 工事規模が小さいため、入札参加者にとって技術提案に要する費用が過度な負担となる場合
> ④ 発注者が性能や仕様に関する概念を明確に設定できない場合

　「2009 実施マニュアル」では、「導入のメリット・デメリット」から勘案し、設計・施工一括及び詳細設計付工事発注方式を適用させる工事を以下のとおりとしている。ここでは、具体的に実施を意識した整理であるため、施工者のノウハウの活用が期待される工事工種がより具体的に挙げられている。

> ① 現地の地形や地質等の自然条件が特殊であり、仮設工法や掘削工法等の施工者のノウハウを活用する必要がある大規模な橋梁工事やトンネル工事（共同溝工事）
> ② いくつもの工事が輻輳する等、現地の工事間の調整について、施工者のノウハウを活用する必要があるダム工事
> ③ 機械や電気設備等、工場製作が大宗を占める工事
> ④ 現地における情報が限られており、施工者に設計を委ねて、効率的・合理的な工事の実施を図る必要がある電線共同溝工事（維持・修繕工事）

> ⑤ 特に詳細設計付工事発注方式については、工期に制限があり、施工者に設計を委ねることにより、工期短縮を図ることのできる工事
> ⑥ その他、発注者側で詳細仕様を規程せず、企業のノウハウに任せた方が良い提案が出てくることが想定される工種

また、当面、本方式を適用しないこととしたものは、「2001報告書」と同じである。
「2013運用マニュアル」では、技術提案評価型A型の適用を検討することとする工事として、具体例が挙げられている。

※ 本契約約款における扱い

適用対象工事の選定は発注者が行うものであり、受発注者の契約事項ではないので特段の取り扱いは行っていない。しかし、本契約約款は請負契約としていることから、上記において、設計・施工一括発注方式を適用しないとした内容に該当する場合には本契約約款は適用できないものとする。

2.4.2 適用時期

「2001報告書」及び「2009実施マニュアル」では、設計プロセスとして以下の段階が示されている。いずれの段階においても、発注者は目的物の設計に対する自らの要求事項及び受注者の自由度の程度を明らかにして発注する必要がある。

① 目的物の性能、機能を規定する段階
② 目的物の位置、設計条件等の基本的な事項を決定する段階
③ 目的物の形状等の基本的な仕様をほぼ決定する段階
④ 目的物の施工に必要な詳細な仕様を決定する段階

また、「2009実施マニュアル」では、設計者と施工者の役割分担について、橋梁、水門設備、電線共同溝について設計・施工分離、詳細設計付工事発注方式、設計・施工一括発注方式のそれぞれにおける設計者、製作・施工者の業務範囲の例を図示している。

※ 本契約約款における扱い

一般的には、設計・施工一括発注方式を事業プロセスの早い時期から適用すると設計の自由度が増し大きな効果も期待できるが、設計・施工条件の設定等の不確実性に伴うリスクも大きく、逆に、遅い時期になるほど不確実性によるリスクは減少するが期待される効果も小さくなる、と考えられる。我が国の公共事業においては地元合意、用地取得、関係機関協議等の事業前段での行政による調整事項が事業執行において重要なポイントであり、かつリスクも高いことが多いため現状では早期の適用は行われていない。

本契約約款では設計範囲としては、基本的な性能・機能要件や位置条件等が設定された後に、構造の形式等の選定を行う以降の範囲を前提としている。本契約約款で前提としている設計範囲を超え、より上流段階の設計を含む発注方式に適用する契約約款については、その必要性に応じて検討を行い別途、策定するものとする。

2.4.3 受注者の体制（建設コンサルタントの扱い）

「2001報告書」では、設計・施工一括発注方式の調達対象としては、「設計」と「施工」の

2種類の技術を有していることが必須であり、考えられる形態として、「施工会社（設計部門あり）」、「施工会社（設計会社下請）」、「設計会社・施工会社連合体」、「設計会社（施工会社下請）」の4通りを挙げ、設計・施工一括発注方式を適用するための形態としては、「施工会社（設計部門あり）」が現状の制度面での課題がなく実施可能と考えられる。しかし、設計者と施工者の役割をより明確にして本方式を活用していくためには、「建設コンサルタントと施工会社の連合体（コンソーシアム等）」がわかりやすいという視点から望ましいと考えられ、制度化に向けた検討を早急に実施する必要がある。

「2.2.2 制度構築の課題」のとおり、建設コンサルタントと建設会社の企業連合（コンソーシアム）については「2008とりまとめ」及び「2009実施マニュアル」において今後の課題とされている。

「2011運用ガイドライン」では、コンソーシアムの形態については、「建設コンサルタントと建設会社の共同体と契約する場合」、「入札時は建設コンサルタントと建設会社が共同提案し、受注後の発注者との契約は別々とする場合」及び「建設コンサルタントが建設会社の下請けに入る場合」の3つの形態を想定し、建設会社、建設コンサルタントの業団体に対するヒアリング調査及び海外におけるコンソーシアムの事例を踏まえ、同ガイドラインにおいてはコンソーシアムの形態を「建設コンサルタントが建設会社の下請けに入る場合」として策定している。

この場合、施工者と予定設計受託者（施工者より委託されることが予定されている設計者）の共同による技術提案等も認め、その内容を審査すること、受注者は、設計受託者に対し設計見積書に記載の見積額以上の金額による契約を締結しなければならないこと等を定めている。

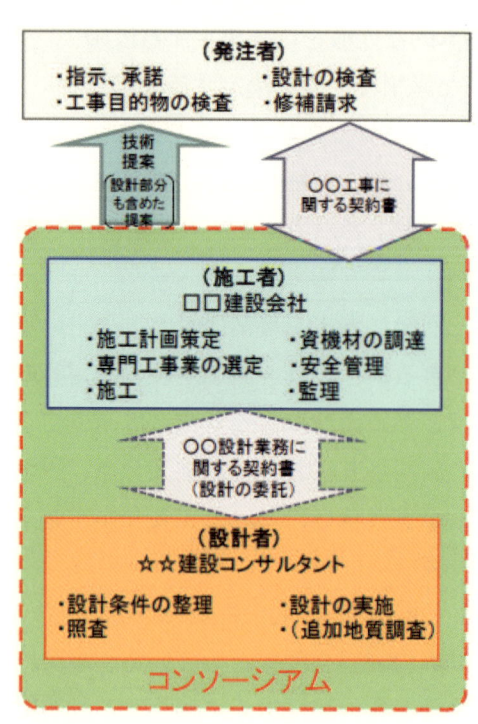

図 2-2 「2011運用ガイドライン」におけるコンソーシアムの形態
出典：設計・施工一括発注方式等における建設コンサルタント活用に関する運用ガイドライン(案)

※ 本契約約款における扱い
　設計については、受注者が自ら行う場合と、設計を建設コンサルタントが行う場合の2通り

を想定し、建設コンサルタントが設計を行う場合の扱いは、「2011運用ガイドライン」に倣い、施工会社（受注者）の下請となる形態とした。その場合、設計受託者を契約上明記するとともに、入札手続きにおいて提出された見積額以上の設計費の支払いを規定した。

2.4.4 工事発注方式

「2005ガイドライン」では、公共工事の特性（規模、技術的な工夫の余地）に応じて、簡易型、標準型及び高度技術提案型のいずれかの総合評価方式を選択するものとしている。このうち高度技術提案型は、『技術的な工夫の余地が大きい工事において、構造物の品質の向上を図るための高度な技術提案を求める場合は、例えば、設計・施工一括発注方式（デザインビルド方式）等により、工事目的物自体についての提案を認める等、提案範囲の拡大に努め、強度、耐久性、維持管理の容易さ、環境の改善への寄与、景観との調和、ライフサイクルコスト等の観点から高度な技術提案を求め、価格との総合評価を行う。』とされ、設計・施工一括発注方式については高度技術提案型によることとしている。

「2013運用ガイドライン」では、総合評価方式の分類が見直され、施工能力評価型と技術提案評価型に大別された。技術提案評価型を適用する工事は大きくA型とS型の2つに分類、A型はさらにAⅠ型、AⅡ型及びAⅢ型の3つに分類できる。表2-2に「2013運用ガイドライン」による技術提案評価型の分類を示す。

AⅠ型及びAⅡ型は、発注者が標準案を作成することができない場合や、複数の候補があり標準案を作成せずに幅広く提案を求め、最適案を選定する必要がある場合に適用するものであり、いずれも標準案を作成しない。したがって、設計・施工一括発注方式を適用し、施工方法に加えて工事目的物そのものに係る提案を求めることにより、工事目的物の品質や社会的便益が向上することを期待するものである。このため、技術提案をもとに予定価格を作成することが基本となる。

一方、発注者が詳細（実施）設計を実施し、標準技術による標準案を作成する場合には、工事目的物自体についての提案は求めずに施工方法に対する提案を求めることが基本となる。この場合、発注者が標準案に基づき工事価格を算定することができるため、標準案の工事価格を予定価格とし、施工上の工夫等の技術提案に限定した提案を求めることも可能である。その場合にはA型ではなくS型を適用することが基本となる。AⅢ型は、標準技術による標準案に対し、部分的に設計の変更を含む工事目的物に対する提案を求める、あるいは高度な施工技術や特殊な施工方法等の技術提案を求めることにより、工事価格の差異に比して社会的便益が相当程度向上することを期待する場合に適用するものであり、その場合には技術提案をもとに予定価格を作成することが基本となる。

※ 本契約約款における扱い

工事発注方式は発注者が設定するものであり、本契約約款では受発注者の契約事項ではないので特段の取り扱いは行っていない。上記のとおり、設計・施工一括発注方式においては競争参加者に工事目的物そのものに係る技術提案を求める場合がほとんどであり、技術提案も契約図書（設計図書）に含まれることにより、受注者には自身の提案に対する履行義務があるものとしている。

表 2-2 技術提案評価型の分類

	技術提案評価型			
	AⅠ型	AⅡ型	AⅢ型	S型
分類	通常の構造・工法では工期等の制約条件を満足した工事が実施できない場合	想定される有力な構造形式や工法が複数存在するため、発注者としてあらかじめ一つの構造・工法に絞り込まず、幅広く技術提案を求め、最適案を選定することが適切な場合	標準技術による標準案に対し、部分的な設計変更を含む工事目的物に対する提案を求める、あるいは高度な施工技術や特殊な施工方法の活用により、社会的便益が相当程度向上することを期待する場合	工事目的物自体についての提案は求めずに、施工上の特定の課題等に関して、施工上の工夫等に係る提案を求めて総合的なコストの縮減や品質の向上を図る場合
標準案の有無	無	無（複数の候補有）	有	有
求める技術提案の範囲（発注形態の目安）	・工事目的物 ・施工方法 （設計・施工一括）	・工事目的物 ・施工方法 （設計・施工一括）	・部分的な設計変更や、高度な施工技術等にかかる提案 詳細設計付または設計・施工分離	・施工上の工夫に係る提案 （設計・施工分離）
ヒアリング	必須 ただし、技術提案評価型A型におけるヒアリングは、技術提案に対する発注者の理解度向上を目的とするものであり、ヒアリング自体の審査・評価は行わない。（技術対話）			WTOは必須とし、WTO以外は、配置予定技術者の監理能力又は技術提案に対する理解度を確認する必要がある場合に実施
段階選抜	競争参加者数を絞り込む必要がある場合に試行的に実施			
予定価格	技術提案に基づき予定価格を作成			標準案に基づき予定価格を作成

出典：国土交通省直轄工事における総合評価落札方式の運用ガイドライン　2013年3月

2.4.5 設計の確認

　設計・施工一括発注方式では、設計と施工が同一受注者により実施され、事前に価格が決定していることから、受注者は工事コストを極力削減するような設計を行うと考えられる。ただし、これが過度になる場合は、品質の低下（契約上の要求性能未達成）や安全性の低下等に繋がる設計が行われる恐れがあり、発注者はこれを防止する必要がある。

　従って、発注者は発注時に設計条件、要求事項や設計確認事項及びその段階、協議すべき事項、疑義が生じた場合の対応等をできるだけ詳しく契約図書に規定するとともに、発注後は、要求事項等を満たしていることについての確認を実施することが必要である。なお、協議や確認等に要する期間に関して、その取扱い期限についてあらかじめ定めておく必要がある。

　「2001報告書」では、設計の実施段階での確認と設計終了段階での確認を挙げ、次のとおり記載している。

(1) 設計の実施段階での確認
　設計の手戻り防止のため、契約図書に基づき受注者側から設計実施状況の確認時期と確認事

> 項・範囲の計画を提出させ発注者の承諾を得ることとし、それに基づいて設計の実施状況の確認を行う。確認の結果、設計条件や要求事項等を満足していない場合には、修正指示を行う。その場合、修正の根拠を必ず文書で明示するものとする。また、発注者の要求事項に誤りや不明確な点がある場合は、受注者はこれを文書で指摘しなければならない。
> 　発注者は、設計条件等の変更を原則として行うべきではないが、やむを得ず変更する場合の変更金額の積算は、発注時の積算手法と手続きに基づいて変更数量を算出する。ただし、これにより難い場合は、変更後の設計成果を利用し、変更積算額を算出する必要がある。
> (2) 設計終了段階での確認
> 　設計が終了した際に、発注者は設計成果の確認を実施する。設計内容に関する責任は、基本的に受注者が負う。従って、発注者の確認、修正指示の有無を問わず、要求事項等を満たしていない場合の対応は、受注者の責任においてなされることになるが、設計成果の確認時点で要求事項を満たしていることが明らかな事項については発注者が承諾し、その事項に関するそれ以降の設計変更等については、発注者が責任を負うこととする。

※　本契約約款における扱い

　「設計の実施段階での確認」については、発注者の監督行為であり、公共土木設計業務等標準委託契約約款に基づいた条文としている。

　「設計終了段階での確認」については、「設計成果物及び設計成果物に基づく施工の承諾」の条項を設け、受注者は作成した設計成果物を発注者に提出し、発注者による設計成果物及び設計成果物に基づく施工の承諾があるまで受注者は施工を開始できないこと、発注者は承諾を行ったことを理由として設計を含む工事の責任を負うことはないとした。なお、設計成果物に対する責任を明確にするため、承諾後に設計成果物の内容の変更が必要となった場合には、その変更は受注者が行い発注者の承諾を得ることとした。

2.4.6　総価契約単価合意方式の適用

　「2006高度技術提案型手続き」において、以下の理由により、高度技術提案型においては総価契約単価合意方式を適用し、特に、設計・施工一括発注方式を適用する場合には、詳細（実施）設計の完了後、工事着工前までの間に単価を合意することを基本とすることとされている。

- 高度技術提案型では技術評価点の最も高い競争参加者の技術提案をもとに予定価格を定めることを基本としているため、他の競争参加者が落札した場合には予定価格における工事費の内訳と落札者の入札価格の内訳が異なることとなる。
- 設計・施工一括発注方式を適用する場合には、技術提案に基づく詳細設計が完了した段階で数量が確定し、当初契約時とは数量が変更となる可能性があるが、総価契約の金額は変更しない。ただし、条件変更がある場合には詳細設計後の数量に基づき設計変更を行うこととなる。

※　本契約約款における扱い

　本契約約款では、設計成果物の承諾後、受注者の提出する内訳書の内容について協議し、単価合意書を締結することとした。

2.4.7 リスク分担

「2001報告書」においては、リスク分担に関して次のとおりとしている。

> 原則としてリスクは受注者が担うこととする。ただし、激甚な自然災害、インフレ、法改正等の予期できないようなリスクは発注者が負担する。また、発生した場合に工事費の著しい増額をもたらすようなリスクや工期の遵守が極めて困難となるようなリスクがある場合、リスクの大きさについて多様な解釈が想定される場合は、設計・施工一括発注方式を適用しないものとする。

「2009実施マニュアル」では、リスク分担の基本的な考え方は、次のとおりとしている。

- 公共工事の設計・施工にあたっては、発注者が設計・施工条件を明示し、その条件下で受注者が設計・施工を実施するものであり、発注者側としては提示した条件に対して責任を負い、受注者側は発注者側が提示した条件下における設計・施工を行うことについて責任を負うことが基本である。
- 設計・施工一括発注方式においては、設計時から施工時までに起因するリスクについては「原則受注者負担」としてきたところであるが、事例調査の結果、契約時においてこれらのリスクの予測可能性は必ずしも高いものではなく、その結果、契約時に過度に受注者への負担を負わせたり、受発注者間の協議に時間を要したりするなど、設計・施工一括発注方式のもつメリットである効率的・合理的な設計・施工の実施の観点から弊害となっている場合が見受けられる。
- このため、設計・施工一括発注方式及び詳細設計付工事発注方式におけるリスク分担の基本的な考え方である「原則受注者負担」を撤回し、発注者は、契約時において必要なリスク分担（設計・施工条件）を明示することとし、受注者はこのリスク分担（設計・施工条件）下においてリスク分担を負うものとする。
- その際、設計・施工一括発注方式及び詳細設計付工事発注方式は、契約後に詳細設計を実施するため、（設計・施工分離発注方式とは異なり）これに起因するリスク分担が受発注者間に発生するという前提に立って、契約書等に、設計・施工条件を具体的に明示するとともに、当該条件下における受注者が負担するリスクについても、具体的に明示することとする（その他については発注者が負担（又は受発注者間協議）とする）。
- また、受発注者双方は、契約時のリスク分担に関する未確定要素は極力少なくなるよう、十分な情報共有、質疑応答、技術対話、リスク分析等に努めなければならない。

※ 本契約約款における扱い

「2009実施マニュアル」における基本的な考え方に従い、発注者が提示する設計図書に示された条件の範囲内で受注者はリスクを負担することとし、条件変更による契約変更手続きを規定している。また、具体的なリスク項目及び分担については特記仕様書に明示することを求めている。

3. 契約約款策定の基本方針
3.1 契約約款の適用範囲

本契約約款は、対象とする土木構造物の設計と施工を一括して調達する方式への適用を前提として策定されている。そのうち設計範囲としては、基本的な性能・機能要件や位置条件等が設定された後に、構造の形式等の選定を行う以降の範囲（図 3-1 の橋梁の例では、橋梁予備設計及び橋梁詳細設計）を前提としている。言い換えれば、本契約約款は、これら設計と、設計に基づく施工を一括して発注する「設計・施工一括発注方式」に適用する契約約款である。

また、対象構造物に対する性能・機能要件、位置条件等だけでなく、構造の形式等の選定を完了した段階（図 3-1 の橋梁の例では、橋梁予備設計が完了し製造・施工に必要な詳細設計を行う前の段階）で、設計と共に施工を発注する方式をここでは「詳細設計付工事発注方式」と称し、この発注方式に対しても本契約約款を適用することは可能である。なお、図 3-1 の業務範囲とは、それぞれの発注方式における発注の範囲を示すものである。

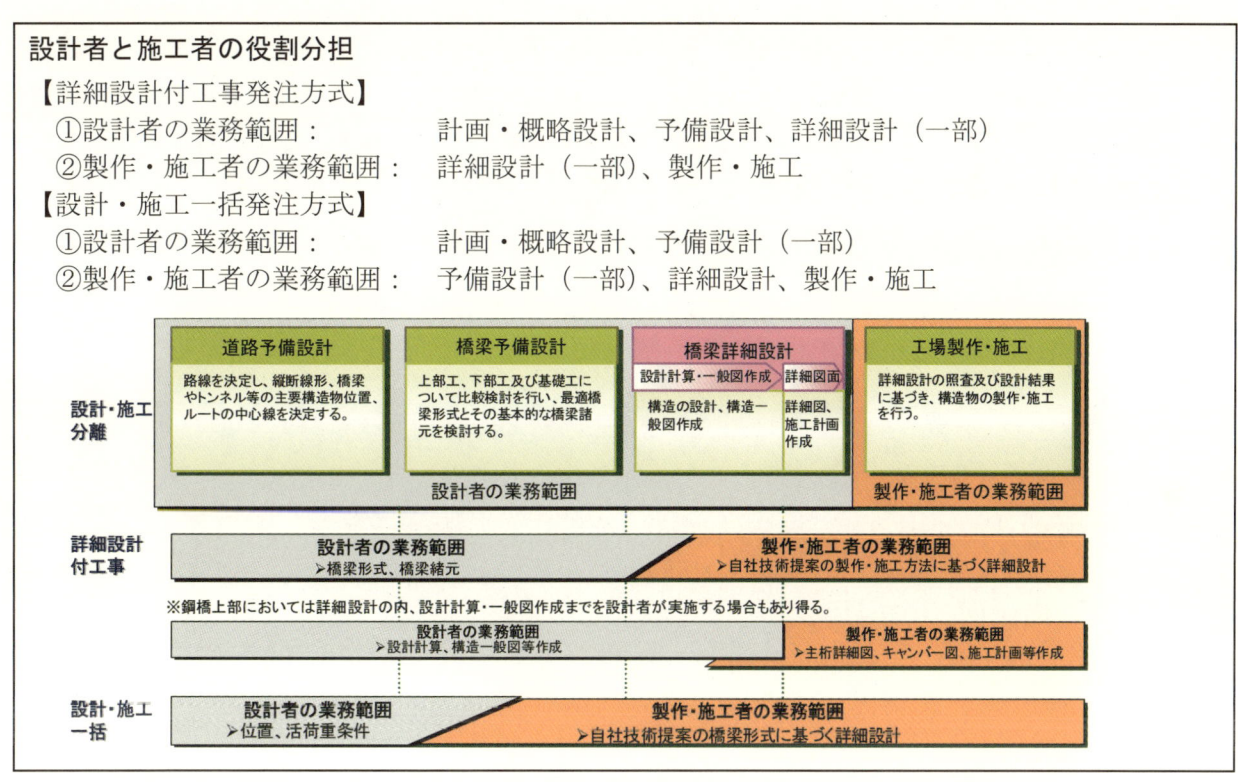

設計者と施工者の役割分担
【詳細設計付工事発注方式】
　①設計者の業務範囲：　　　　計画・概略設計、予備設計、詳細設計（一部）
　②製作・施工者の業務範囲：　詳細設計（一部）、製作・施工
【設計・施工一括発注方式】
　①設計者の業務範囲：　　　　計画・概略設計、予備設計（一部）
　②製作・施工者の業務範囲：　予備設計（一部）、詳細設計、製作・施工

図 3-1　設計・施工一括及び詳細設計付工事発注方式の役割分担（橋梁）
出典：設計・施工一括及び詳細設計付工事発注方式 実施マニュアル（案）　平成 21 年 3 月

なお、本契約約款で前提としている設計範囲を超え、より上流段階の設計を含む発注方式に適用する契約約款については、その必要性に応じて検討を行い別途、策定するものとする。

3.2 契約約款策定にあたっての基本的な考え方

　本契約約款が対象とする設計・施工一括発注方式は、基本的な性能・機能要件や位置条件等が設定された段階以降に適用されることを前提としている。その際に適用される基準等は、設計と施工を分離して発注する設計・施工分離発注時の場合と基本的に差違はない。

　そして設計・施工分離発注時の契約約款に関しては、設計については「公共土木設計業務等標準委託契約約款（平成 7 年 5 月 26 日　建設省経振発第 49 号、最終改正：平成 23 年 1 月 27 日）」が、施工については「公共工事標準請負契約約款（昭和 25 年 2 月 21 日　中央建設業審議会決定、最終改正：平成 22 年 7 月 26 日）」がそれぞれ策定されており、公共土木事業ではこれらの標準契約約款が広く活用されている。

　こうした背景の中、本契約約款の策定にあたっては、実際に現場で運用する受発注者の担当者の混乱を招くことのないように、設計・施工分離発注時と設計・施工一括発注時で、同一事項に係わる契約条項が異なることがないよう留意した。基本的には現行の設計及び施工に係わる標準契約約款を尊重し、設計・施工一括発注方式として規定すべき事項の追加等を行った。

　なお、設計に関しては、「請負契約」と「準委任契約」という異なる考え方があり、その適用には種々の議論があるが、本契約約款の策定においては設計・施工一括発注方式の導入が円滑に行われるよう、設計に関しては公共土木設計業務等標準委託契約約款を、施工に関しては公共工事標準請負契約約款を基本的に踏襲することが適当であると判断し、その内容についての見直しは行っていない。設計に係わる契約に関する課題等については、今後、必要に応じて検討を行うものとする。

3.3　実施体制

　設計・施工分離発注時においては、設計は建設コンサルタントが実施し、施工は施工会社が実施するのが一般的である。一方、設計・施工一括発注方式における設計と施工の実施者については、図 3-2 のような体制が考えられる。そのうち本契約約款は、施工会社が単独で設計と施工を実施する場合（図 3-2 の左側）と、建設コンサルタントが施工会社の下請で設計を実施する場合（図 3-2 の中央）の 2 つの実施体制に対応している。また、後者にあっては設計の実施者を明確にするために、本契約約款では頭書部分の契約書に、設計を実施する建設コンサルタントを「設計受託者」として記載することとしている。

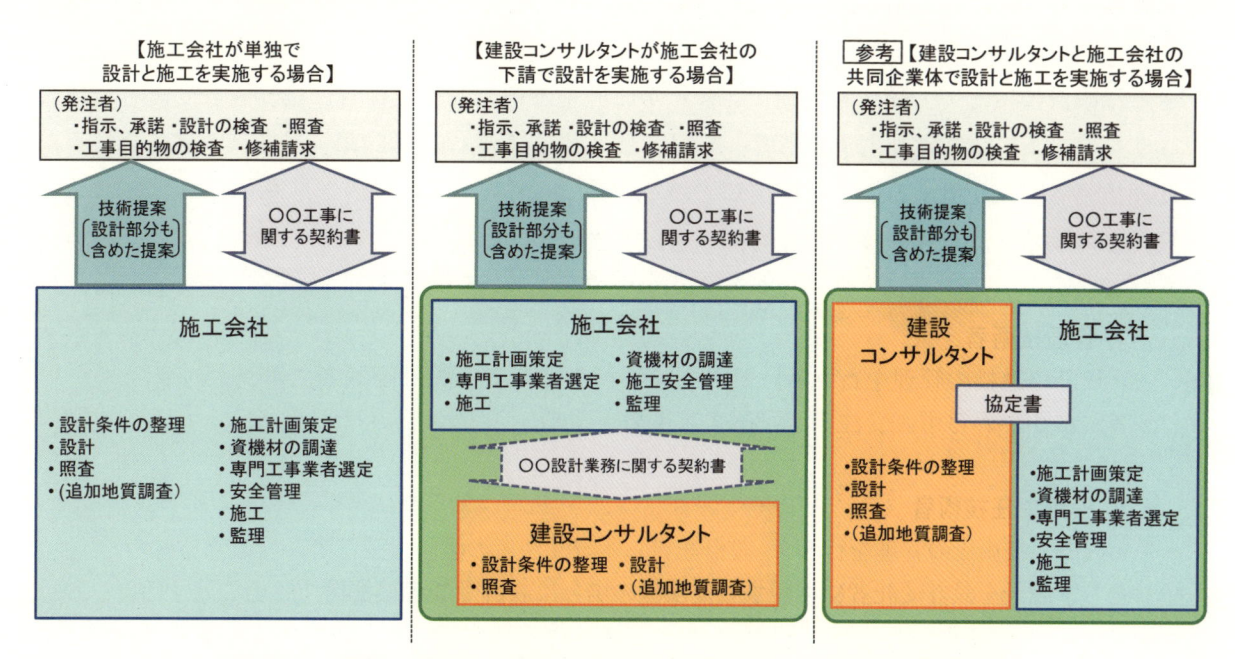

図 3-2　設計・施工一括発注方式における設計と施工の実施体制

　なお、下請契約における元請負人の実質的な立場の優位性や、建設コンサルタントの産業としての育成等を考慮して、図 3-2 の右側に参考として示した建設コンサルタントと施工会社が共同企業体として設計と施工を実施する場合も考えられるが、設計・施工一括発注方式の長所としてあげられる設計と施工の窓口の一元化や、現時点における共同企業体に係わる制度の整備状況等を考慮して、建設コンサルタントが施工会社の下請けとして設計を実施する場合に対応する契約約款とした。

　建設コンサルタントと施工会社が共同企業体として実施する場合を考慮した契約約款の検討については、今後の設計・施工一括発注方式の適用状況等からその必要性等を考慮して行うこととする。

3.4 設計及び施工に関する技術者等
3.4.1 技術的な管理（監理）を行う技術者等の配置

公共土木事業の標準契約約款では、技術の管理（監理）を行う者として設計においては「管理技術者」、施工においては「監理・主任技術者」の配置を求め、その権限等を規定している。また、契約の管理については、設計では「管理技術者」、施工では「現場代理人」が行うものとして規定されている。

本契約約款では、施工に関しては設計・施工分離発注時と同様に「現場代理人」と「監理・主任技術者」の配置を規定し（第10条）、設計に関しては設計の進捗を管理する「管理技術者」と技術を管理する「設計主任技術者」の配置を規定している（第10条の2、第10条の3(A)、10条の3(B)第1項）（図3-3参照）。

さらに設計に関して、受注者（施工会社）が設計を外部委託する場合には、設計受託者（建設コンサルタント）が「設計主任技術者」を配置し（第10条の3(B)第2項）、受注者（施工会社）が「管理技術者」を配置することを規定している。

設計に関するそれぞれの技術者の役割等を以下に示す。

① 管理技術者
　設計の進捗の管理を行う者。設計を自ら行う受注者か設計受託者に委託する受注者かにかかわらず、受注者が配置するものとする。

② 設計主任技術者
　設計の技術上の管理を行う者。設計を自ら行う受注者の場合は受注者が配置するものとし、設計を設計受託者に委託する受注者の場合は設計受託者が配置するものとする。

③ 照査技術者
　設計成果物の内容の技術上の照査を行う者。設計を自ら行う受注者の場合は受注者が配置するものとし、設計を設計受託者に委託する受注者の場合は設計受託者が配置するものとする。

なお、設計・施工分離発注時の設計の管理技術者は、契約に係わる協議等において受注者の権限を行使する者として設計の標準契約約款に位置づけられているが、本契約約款では、契約に係わる権限事項は現場代理人に集約し、管理技術者は設計の進捗管理を行う者として位置づけている。

3．契約約款策定の基本方針

	設計	施工

設計・施工分離発注時
- 管理技術者：指示の受理、承諾、協議等／技術の管理
- 現場代理人：指示の受理、承諾、協議等
- 監理・主任技術者：技術の統括
- 専門技術者：専門工事において主任技術者資格を有する者

本契約約款

受注者が設計を自ら行う場合
- 現場代理人：指示の受理、承諾、協議等
- 管理技術者：進捗の管理（設計）
- 監理・主任技術者：技術の統括（施工）
- 設計主任技術者：技術の管理（設計）
- 専門技術者：専門工事において主任技術者資格を有する者
- 照査技術者：設計成果物の照査

受注者が設計を建設コンサルタントに委託する場合
- 現場代理人：指示の受理、承諾、協議等
- 管理技術者：進捗の管理（設計）
- 監理・主任技術者：技術の統括（施工）
- 設計主任技術者：技術の管理（設計）　※設計受託者（建設コンサルタント）
- 専門技術者：専門工事において主任技術者資格を有する者
- 照査技術者：設計成果物の照査　※設計受託者（建設コンサルタント）

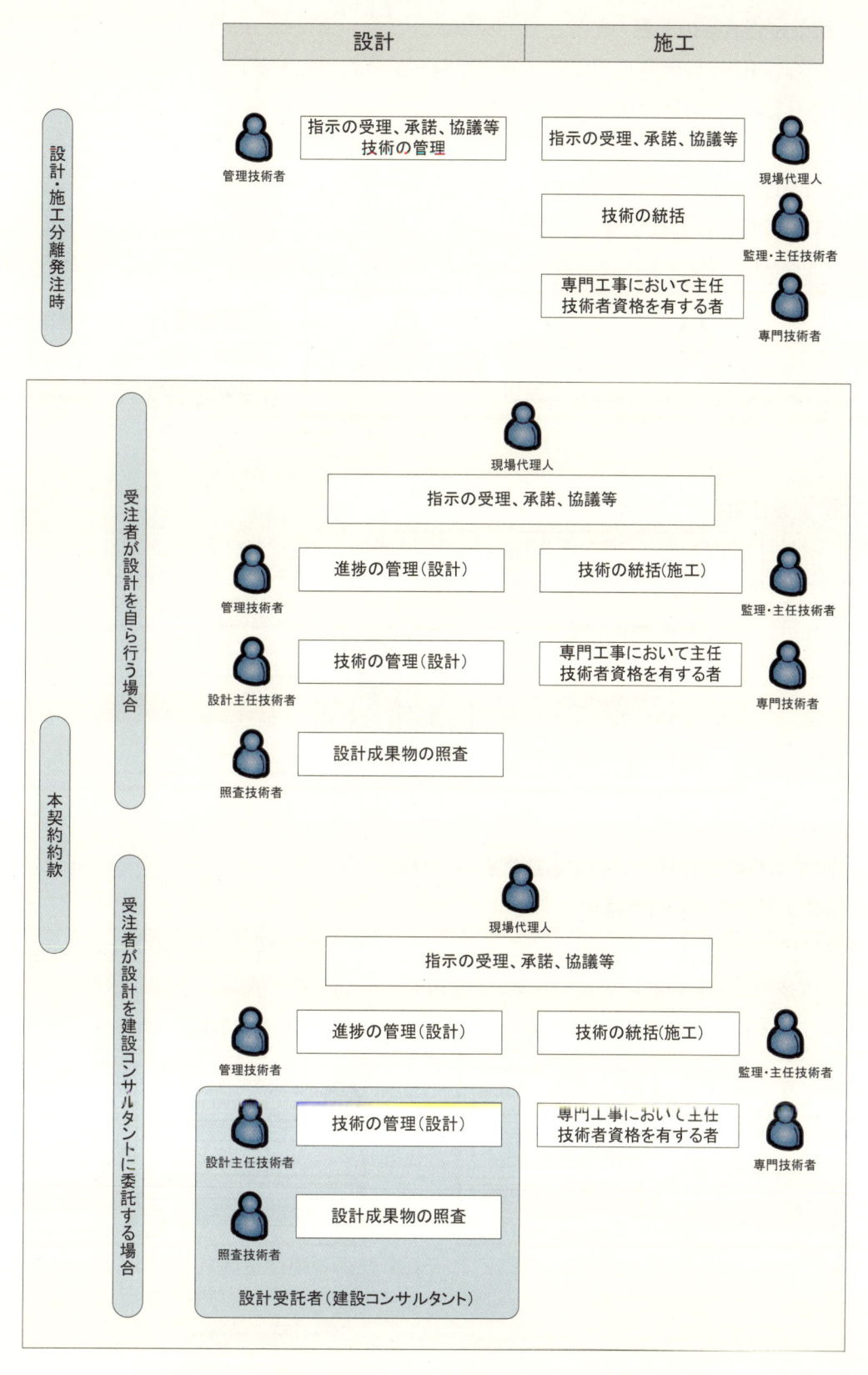

図 3-3　本契約約款における技術者等の配置の考え方

3.4.2 配置技術者等の兼務

本契約約款における技術者等の配置は前項で示したとおりであるが、それぞれの配置技術者等の兼務については以下のとおり規定している。

■設計に関する技術者の兼務について
（A）受注者が設計を自ら行う場合
- 管理技術者及び設計主任技術者は、これを兼ねることができる。（第10条の5（A）第2項）

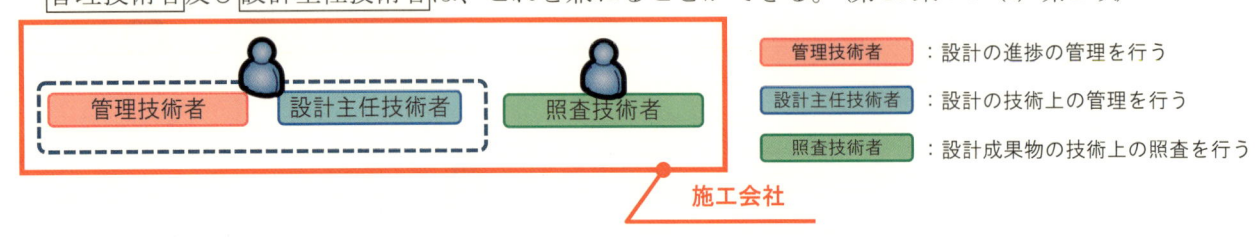

管理技術者	：設計の進捗の管理を行う
設計主任技術者	：設計の技術上の管理を行う
照査技術者	：設計成果物の技術上の照査を行う

■施工に関する技術者等の兼務について
- 現場代理人、主任技術者（監理技術者）及び専門技術者は、これを兼ねることができる。
（第10条の5（A）第1項、第10条の5（B）第1項）

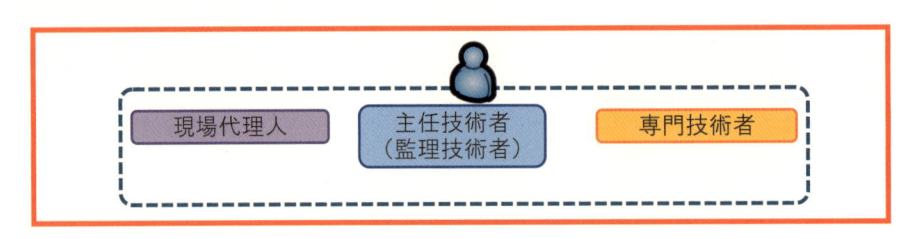

■設計に関する技術者と施工に関する技術者等の兼務について
（A）受注者が設計を自ら行う場合
- 現場代理人、主任技術者(監理技術者)及び専門技術者は、管理技術者及び設計主任技術者又は照査技術者を兼ねることができる。（第10条の5（A）第3項）

●管理技術者及び設計主任技術者を兼ねる場合　　●照査技術者を兼ねる場合

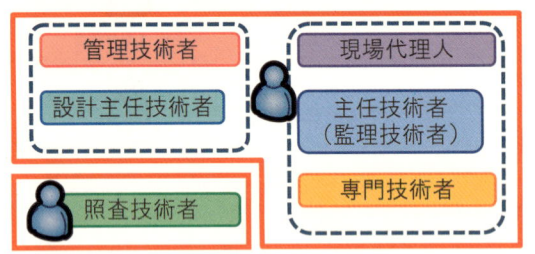

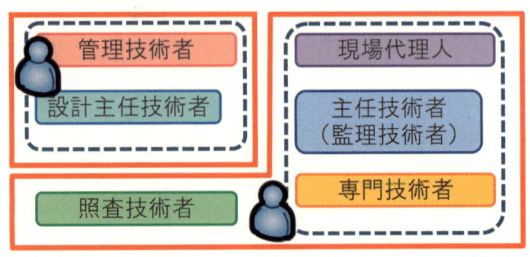

※設計と施工に関する配置技術者は、それぞれの技術者要件を満たせば兼務することに問題はない。

3．契約約款策定の基本方針

(B) 受注者が設計を建設コンサルタントに委託する場合
・現場代理人、主任技術者（監理技術者）及び専門技術者は、管理技術者を兼ねることができる。（第10条5（B）第2項）

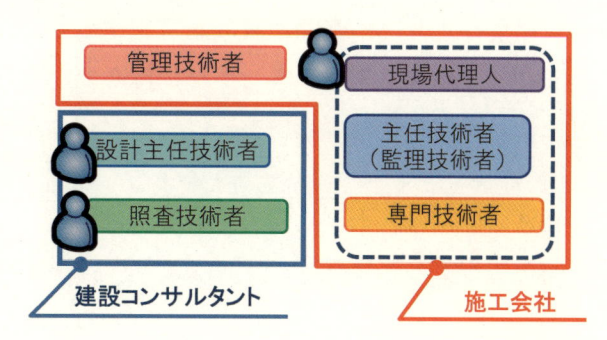

```
        建設コンサルタント              施工会社
    ┌─────────────┐         ┌─────────────┐
    │   管理技術者    │         │  現場代理人     │
    │ 設計主任技術者  │         │ 主任技術者      │
    │                 │         │ （監理技術者）  │
    │   照査技術者    │         │ 専門技術者      │
    └─────────────┘         └─────────────┘
```

※設計と施工に関する配置技術者は、それぞれの技術者要件を満たせば兼務することに問題はない。

3.5 設計に関する競争参加資格要件

　設計・施工一括発注方式においては、受注者による設計の品質を確保するために、施工に関する競争参加資格要件に加え、設計に関する競争参加資格要件を適切に設定する必要がある。

　具体的には、競争参加資格要件として、実際に設計を実施する者（設計を自ら行う施工会社又は施工会社から設計を委託される建設コンサルタント）には必要な設計実績を求める。また、技術者（管理技術者、設計主任技術者及び照査技術者）にはそれぞれに必要な資格や設計実績を求める。

　なお発注者は、個々の発注の際には、上記も含めその案件に応じた適切な競争参加資格要件を設定し、入札説明書等に明示することとなる。

3.6　設計成果物の扱い

　設計・施工分離発注時において、設計の完了時にはその設計成果物に関して発注者による完了検査が実施され、設計成果物の発注者への引き渡しが行われる。

　設計・施工一括発注方式では設計と施工が一連のものとして実施されることから、本契約約款においては、発注者による設計成果物及び設計成果物に基づく施工の承諾後に受注者は施工を行うことを規定している（第13条の2第2項及び第3項）。

　これは、受注者が作成した設計成果物が、発注者が発注時に提示した工事目的物の性能・機能等を満たすものとなっているかについて確認することは、発注者としての責務を果たす上で重要であり、また、施工の工程等に関する受注者の都合のみで、受注者が発注者の承諾の前に施工を開始することを防ぐためである。

　また、発注者による設計成果物の承諾は、設計業務における完了検査とは異なり、発注者への設計成果物の引き渡しは伴わない。これは、設計・施工一括発注方式における契約の完了は、設計に基づいた施工が完了した時点であるとの考え方に基づいたものである。

　さらに本契約約款においては、発注者による設計成果物の承諾後も、設計を含む工事の責任は受注者に帰属することを第13条の2第4項で規定している。よって、設計成果物の承諾後に受注者が作成する内訳書及び施工の工程表は、通常の設計・施工分離発注時の施工の場合と同様、発注者及び受注者を拘束するものではないこととしている。

　なお、発注者による設計成果物の承諾には、一定程度の期間（例えば1ヶ月）を要するものであり、受注者の施工の開始時期に影響を及ぼすことから、発注者が確認に要する期間は特記仕様書においてあらかじめ明示しておく必要がある（「5.2　設計成果物の提出期限等」を参照。）。

　仮に、発注者の責めに帰すべき事由により、設計成果物が特記仕様書において明示した期間内に承諾されない場合には、受注者は、契約約款に定められた規定（第21条第1項）に従って工期の延長を請求できることとしている。

3.7 設計費の支払い

　設計・施工一括発注方式における設計に関して、本契約約款は受注者が自ら行う場合と建設コンサルタントに委託する場合を想定していることは前述したとおりである。

　設計を委託する場合において、建設コンサルタントへの設計費の支払いに関して、本契約約款では、設計受託者が受注者に提出した見積書に記載されている見積額以上の金額を委託費として支払わなければならないと規定している（第7条の3第1項）。

　本契約約款で規定している設計の委託に関しては、設計の全体を委託する場合を想定しており、その場合の設計に係わる品質の確保は、設計受託者が責任を持って行うことが基本となる。そのため本契約約款では、設計を委託する場合には、設計の技術的管理を行う設計主任技術者を設計受託者に所属する者から配置することを求めている（第10条の3（B）第2項）。

　さらに設計に係わる品質確保を行う枠組みの一環として、設計に係わる外部委託費（設計費）に関して入札・契約上の条件を付すこととしている。

　図3-4は、平成23年9月に開催された「国際的な発注・契約方式の活用に関する懇談会（平成23年度 第4回）」資料の「設計・施工一括発注方式等における建設コンサルタント活用に関するガイドライン（案）」を参考に、競争参加者・受注者である施工会社が、設計受託者である建設コンサルタントを活用する場合の入札・契約・支払いの手続きフローの例を示したものである。第7条の3第1項の見積額は、図に示したフローにおいて入札時に競争参加者から提出される設計見積書によるものである。

3．契約約款策定の基本方針

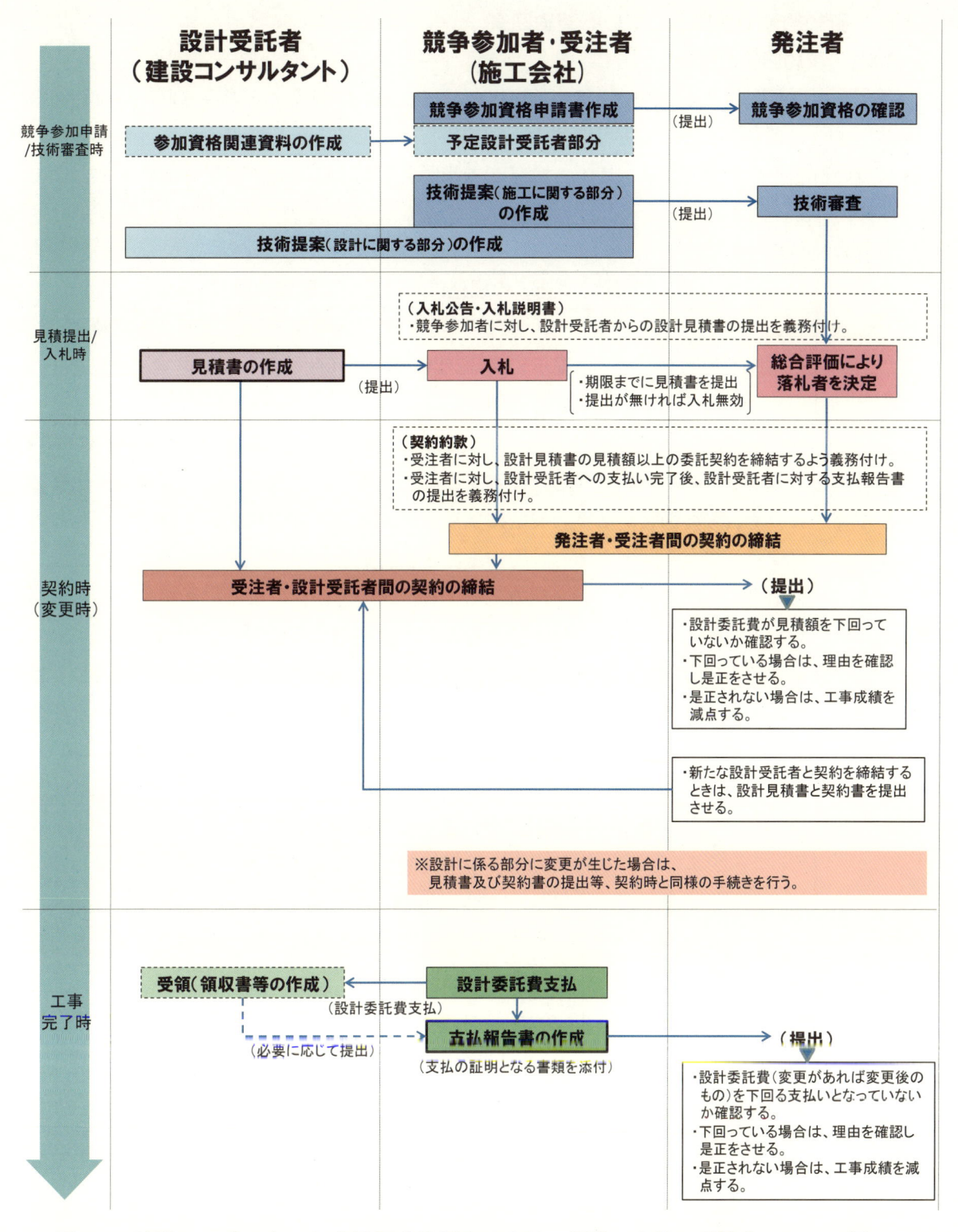

段階	設計受託者 （建設コンサルタント）	競争参加者・受注者 （施工会社）	発注者
競争参加申請 /技術審査時	参加資格関連資料の作成 技術提案（設計に関する部分）の作成	競争参加資格申請書作成 予定設計受託者部分 技術提案（施工に関する部分）の作成	競争参加資格の確認 技術審査
見積提出/ 入札時	見積書の作成	（入札公告・入札説明書） ・競争参加者に対し、設計受託者からの設計見積書の提出を義務付け。 入札 ・期限までに見積書を提出 ・提出が無ければ入札無効	総合評価により 落札者を決定
契約時 （変更時）	受注者・設計受託者間の契約の締結	（契約約款） ・受注者に対し、設計見積書の見積額以上の委託契約を締結するよう義務付け。 ・受注者に対し、設計受託者への支払い完了後、設計受託者に対する支払報告書の提出を義務付け。 発注者・受注者間の契約の締結	・設計委託費が見積額を下回っていないか確認する。 ・下回っている場合は、理由を確認し是正させる。 ・是正されない場合は、工事成績を減点する。 ・新たな設計受託者と契約を締結するときは、設計見積書と契約書を提出させる。
		※設計に係る部分に変更が生じた場合は、見積書及び契約書の提出等、契約時と同様の手続きを行う。	
工事 完了時	受領（領収書等の作成）	設計委託費支払 （設計委託費支払） 支払報告書の作成 （支払の証明となる書類を添付）	・設計委託費（変更があれば変更後のもの）を下回る支払いとなっていないか確認する。 ・下回っている場合は、理由を確認し是正をさせる。 ・是正されない場合は、工事成績を減点する。

図 3-4　建設コンサルタントを活用する場合の入札・契約・支払い手続きフローの例

3.8 契約約款で前提としている契約図書
3.8.1 契約図書の構成

公共土木事業における設計や施工の調達において、契約に関係する図書(以下「契約図書」と呼ぶ。)は、一般的に表 3-1 に示すとおり、契約書だけでなく共通仕様書や特記仕様書等から構成されている。そのため、設計・施工一括発注方式による調達においても、本契約約款だけではなく仕様書等の図書が必要となる。

表 3-1 設計や施工の調達における契約図書の構成

契約図書	契約書、現場説明書、質問回答書、図面(発注時に提示)、特記仕様書、共通仕様書、技術提案(提案を求めた場合)。

設計・施工分離発注時において共通仕様書(設計業務等共通仕様書、土木工事共通仕様書等)等が整備され、それらの図書が個々の契約に適用されており、本契約約款の策定にあたっては、これまでに整備されている図書を極力活用することを前提としている。

また、契約図書の運用において、発注方式による用語の違い等による混乱が生じることがないように留意し、本契約約款の適用においては表 3-2 に示す契約図書の構成を想定している。

ここで共通仕様書について、設計・施工一括発注方式への適用上不都合な点等に関しては、それらを修正した条文を特記仕様書中に設計業務等共通仕様書や土木工事共通仕様書の読替条等として提示することとしている(「5.3 共通仕様書の読み替え等」を参照。)。

表 3-2 本契約約款における契約図書の構成

契約図書	契約書、現場説明書、質問回答書、図面(発注時に提示)、特記仕様書(設計業務等共通仕様書及び土木工事共通仕様書の読替条等を含む)、共通仕様書、技術提案、【設計成果物】。 ＊:設計成果物に関しては、発注者による承諾後に設計図書となることから【 】書きで示している。

3.8.2 設計図書の定義

　本契約約款では前述のように、各発注者が設計・施工分離発注時において適用している共通仕様書を利用することとしている。ここで土木工事共通仕様書における用語としての「設計図書」には、発注者から提示される設計の設計成果物が含まれる。一方、設計業務等共通仕様書における用語としての「設計図書」には、当然、当該設計の成果物は含まれない。従って、設計・施工一括発注方式において、設計・施工分離発注時に適用されている共通仕様書をそのまま利用すると、定義の異なる同一の用語が混在することとなる。

　そこで、本契約約款では、条文における用語の解釈で齟齬が生じないよう、設計段階で設計成果物が存在しない場合又は発注者が発注時に提示している条件のみを意味する場合は「設計図書（設計成果物を除く。）」とし、その他、設計成果物を含むことにより問題が生じない場合は「設計図書」と記載している。

4. 逐条解説
4.1 契約約款の条項構成

本契約約款の基本的な条項構成は、公共工事標準請負契約約款（昭和 25 年 2 月 21 日 中央建設業審議会決定、最終改正：平成 22 年 7 月 26 日）に基づいており、設計・施工一括発注方式として必要な条項を、公共土木設計業務等標準委託契約約款（平成 7 年 5 月 26 日 建設省経振発第 49 号、最終改正：平成 23 年 1 月 27 日）の条項を修正、又は新規に作成のうえ追加している。

本契約約款と公共工事標準請負契約約款及び公共土木設計業務等標準委託契約約款との条項の相互関連を表 4-1 に示す。

表 4-1 本契約約款と公共工事標準請負契約約款等との条項の相互関連

公共土木設計施工標準請負契約約款	公共工事標準請負契約約款	公共土木設計業務等標準委託契約約款
第 1 条（総則）	第 1 条（総則）	第 1 条（総則） 第 2 条（指示等及び協議の書面主義）
第 2 条（関連工事の調整）	第 2 条（関連工事の調整）	
第 3 条（請負代金内訳書及び工程表）	第 3 条（請負代金内訳書及び工程表）	第 3 条（業務工程表の提出）
第 4 条（契約の保証）	第 4 条（契約の保証）	第 4 条（契約の保証）
第 5 条（権利義務の譲渡等）	第 5 条（権利義務の譲渡等）	第 5 条（権利義務の譲渡等の禁止）
第 5 条の 2（著作権の譲渡等）		第 6 条（著作権の譲渡等）
第 6 条（施工の一括委任又は一括下請負の禁止）	第 6 条（一括委任又は一括下請負の禁止）	
第 6 条の 2（設計の一括再委託の禁止）		第 7 条（一括再委託等の禁止）
第 7 条（施工の下請請負の通知）	第 7 条（下請請負人の通知）	
第 7 条の 2（設計の再委託又は下請負人の通知）		第 7 条（一括再委託等の禁止）
第 7 条の 3（設計受託者との委託契約等）		
第 8 条（特許権等の使用）	第 8 条（特許権等の使用）	第 8 条（特許権等の使用）
第 9 条（監督員）	第 9 条（監督員）	第 9 条（調査職員）
第 10 条（現場代理人及び主任技術者等）	第 10 条（現場代理人及び主任技術者等）	第 10 条（管理技術者）
第 10 条の 2（管理技術者）		第 10 条（管理技術者）
第 10 条の 3（設計主任技術者）		
第 10 条の 4（照査技術者）		第 11 条（照査技術者）
第 10 条の 5（技術者等の兼務）	第 10 条（現場代理人及び主任技術者等）	
第 11 条（履行報告）	第 11 条（履行報告）	第 15 条（履行報告）
第 12 条（工事関係者に関する措置請求）	第 12 条（工事関係者に関する措置請求）	第 14 条（管理技術者等に対する措置請求）
第 13 条（工事材料の品質及び検査等）	第 13 条（工事材料の品質及び検査等）	
第 13 条の 2（設計成果物及び設計成果物に基づく施工の承諾）		
第 14 条（監督員の立会い及び工事記録の整備等）	第 14 条（監督員の立会い及び工事記録の整備等）	
第 15 条（支給材料及び貸与品）	第 15 条（支給材料及び貸与品）	第 16 条（貸与品等）
第 16 条（工事用地の確保等）	第 16 条（工事用地の確保等）	

第17条（設計図書不適合の場合の改造義務及び破壊検査等）	第17条（設計図書不適合の場合の改造義務及び破壊検査等）	第17条（設計図書と業務内容が一致しない場合の修補義務）
第18条（条件変更等）	第18条（条件変更等）	第18条（条件変更等）
第19条（設計図書の変更）	第19条（設計図書の変更）	第19条（設計図書の変更）
第20条（工事の中止）	第20条（工事の中止）	第20条（業務の中止）
第21条（受注者の請求による工期の延長）	第21条（受注者の請求による工期の延長）	第22条（受注者の請求による履行期間の延長）
第22条（発注者の請求による工期の短縮等）	第22条（発注者の請求による工期の短縮等）	第23条（発注者の請求による履行期間の短縮等）
第23条（工期の変更方法）	第23条（工期の変更方法）	第24条（履行期間の変更方法）
第24条（請負代金額の変更方法等）	第24条（請負代金額の変更方法等）	第25条（業務委託料の変更方法等）
第25条（賃金又は物価の変動に基づく請負代金額の変更）	第25条（賃金又は物価の変動に基づく請負代金額の変更）	
第26条（臨機の措置）	第26条（臨機の措置）	第26条（臨機の措置）
第27条（一般的損害）	第27条（一般的損害）	第27条（一般的損害）
第28条（第三者に及ぼした損害）	第28条（第三者に及ぼした損害）	第28条（第三者に及ぼした損害）
第29条（不可抗力による損害）	第29条（不可抗力による損害）	第29条（不可抗力による損害）
第30条（請負代金額の変更に代える設計図書の変更）	第30条（請負代金額の変更に代える設計図書の変更）	第30条（業務委託料の変更に代える設計図書の変更）
第31条（検査及び引渡し）	第31条（検査及び引渡し）	第31条（検査及び引渡し）
第32条（請負代金の支払）	第32条（請負代金の支払）	第32条（業務委託料の支払い）
第33条（部分使用）	第33条（部分使用）	
第34条（前金払及び中間前金払）	第34条（前金払及び中間前金払）	第34条（前金払）
第35条（保証契約の変更）	第35条（保証契約の変更）	第35条（保証契約の変更）
第36条（前払金の使用等）	第36条（前払金の使用等）	第36条（前払金の使用等）
第37条（部分払）	第37条（部分払）	第36条の2（部分払）
第38条（部分引渡し）	第38条（部分引渡し）	第37条（部分引渡し）
第39条（債務負担行為に係る契約の特則）	第39条（債務負担行為に係る契約の特則）	第37条の2（債務負担行為に係る契約の特則）
第40条（債務負担行為に係る契約の前金払［及び中間前払金］の特則）	第40条（債務負担行為に係る契約の前金払［及び中間前払金］の特則）	第37条の3（債務負担行為に係る契約の前金払の特則）
第41条（債務負担行為に係る契約の部分払の特則）	第41条（債務負担行為に係る契約の部分払の特則）	第37条の4（債務負担行為に係る契約の部分払の特則）
第42条（第三者による代理受領）	第42条（第三者による代理受領）	第38条（第三者による代理受領）
第43条（前払金等の不払に対する工事中止）	第43条（前払金等の不払に対する工事中止）	第39条（前払金等の不払に対する業務中止）
第44条（瑕疵担保）	第44条（瑕疵担保）	第40条（瑕疵担保）
第45条（履行遅滞の場合における損害金等）	第45条（履行遅滞の場合における損害金等）	第41条（履行遅滞の場合における損害金等）
第46条（公共工事履行保証証券による保証の請求）	第46条（公共工事履行保証証券による保証の請求）	
第47条（発注者の解除権）	第47条（発注者の解除権）	第42条（解除権の行使事由）
第48条	第48条	第42条（解除権の行使事由） 第43条（解除の効果）
第49条（受注者の解除権）	第49条（受注者の解除権）	第42条（解除権の行使事由） 第43条（解除の効果）
第49条の2（解除の効果）		第43条（解除の効果）
第50条（解除に伴う措置）	第50条（解除に伴う措置）	第44条（解除に伴う措置）
第51条（火災保険等）	第51条（火災保険等）	第45条（保険）
第52条（あっせん又は調停）	第52条（あっせん又は調停）	第46条（紛争の解決）
第53条（仲裁）	第53条（仲裁）	
第54条（情報通信の技術を利用する方法）	第54条（情報通信の技術を利用する方法）	
第55条（補則）	第55条（補則）	第47条（契約外の事項）

4.2　逐条解説

（公共土木設計施工請負契約書）

<u>公共土木設計施工請負契約書</u>

1　工事名
2　工事場所
3　工　期　　　自　平成　　年　　月　　日
　　　　　　　　至　平成　　年　　月　　日
4　請負代金額
　　（うち取引に係る消費税及び地方消費税の額）
5　契約保証金
　　［注］　第4条（B）を使用する場合には、「免除」と記入する。
<u>6　設計受託者</u>
　　<u>［注］　受注者が設計を自ら行う予定として入札に参加した場合は削除。</u>
7　調停人
　　［注］　調停人を活用することが望ましいが、発注者及び受注者があらかじめ定めない場合は削除。
（8　解体工事に要する費用等）
　　［注］　この工事が、建設工事に係る資材の再資源化等に関する法律（平成12年法律104号）第9条第1項に規定する対象建設工事の場合は、(1)解体工事に要する費用、(2)再資源化等に要する費用、(3)分別解体等の方法、(4)再資源化等をする施設の名称及び所在地についてそれぞれ記入する。

　上記の工事について、発注者と受注者は、各々の対等な立場における合意に基づいて、別添の条項によって公正な請負契約を締結し、信義に従って誠実にこれを履行するものとする。
　また、受注者が共同企業体を結成している場合には、受注者は、別紙の共同企業体協定書により契約書記載の工事を共同連帯して請け負う。
　本契約の証として本書　　通を作成し、発注者及び受注者が記名押印の上、各自一通を保有する。

　　　　　　　　　　　　　　　　　　　　　　　　　　　平成　　年　　月　　日
　　　発注者　　　　住　所
　　　　　　　　　　氏　名　　　　　　　　　　　印
　　　受注者　　　　住　所
　　　　　　　　　　氏　名　　　　　　　　　　　印
　　［注］　受注者が共同企業体を結成している場合においては、受注者の住所及び氏名の欄には、共同企業体の名称並びに共同企業体の代表者及びその他の構成員の住所及び氏名を記入する。

＊：下線は公共工事標準請負契約約款からの変更箇所を示している。以降も同様である。

１．概要
　本契約約款は、公共工事における土木構造物の設計と施工を一括して調達する方式への適用を

前提として策定されており、契約書と呼ばれる部分と各条項から構成されている。契約書に関して、基本的には公共工事標準請負契約約款に準拠したものとなっているが、設計に関して受注者が自ら行わず、設計者に委託する場合には「設計受託者」を明記することとしている。

2．設計受託者の明記

　設計と施工が一括して発注される場合に、当該工事を受注した者が自ら設計と施工を実施する場合と、受注者が施工のみを実施し設計に関しては外部の設計者に委託する場合が想定される。

　そのため、受注者が外部の設計者に設計を委託する場合に、設計の技術上の管理を行う「設計主任技術者」と設計成果物の内容の技術上の照査を行う「照査技術者」を設計受託者に所属する者から配置することを第10条の3（B）（設計主任技術者）と第10条の4（B）（照査技術者）で規定しており、契約内容として設計者を明示的に示す意味から、契約書に設計受託者名を明記することとしている。

3．工期

　本契約約款における「工期」とは設計と施工の全体の実施期間として規定している。設計に関しては、設計完了段階でその内容を発注者が承諾すること等を第13条の2（設計成果物及び設計成果物に基づく施工の承諾）で規定しているが、設計として独立した工期は規定していない。これは、あくまでも工事目的物が完成し発注者への引渡しがなされる時点が契約完了時点となるためである。

第1条（総則）
第1条　発注者及び受注者は、この約款（契約書を含む。以下同じ。）に基づき、設計図書に従い、日本国の法令を遵守し、この契約（この約款及び設計図書を内容とする設計及び施工の請負契約をいう。以下同じ。）を履行しなければならない。
2　この約款における用語の定義は、この約款に特別の定めがある場合を除き、次の各号のとおりとする。
　　一　「設計図書」とは、別冊の図面、仕様書、数量総括表、現場説明書、現場説明に対する質問回答書及び設計成果物をいう。
　　二　「設計図書（設計成果物を除く。）」とは、別冊の図面、仕様書、数量総括表、現場説明書及び現場説明に対する質問回答書をいう。
　　三　「設計」とは、工事目的物の設計、仮設の設計及び設計に必要な調査又はそれらの一部をいう。
　　四　「施工」とは、工事目的物の施工及び仮設の施工又はそれらの一部をいう。
　　五　「工事」とは、設計及び施工をいう。
　　六　「工事目的物」とは、この契約の目的物たる構造物をいう。
　　七　「設計成果物」とは、受注者が設計した工事目的物の施工及び仮設の施工に必要な成果物又はそれらの一部をいう。
　　八　「工期」とは、契約書に明示した設計及び施工に要する始期日から終期日までの期間をいう。
3　受注者は、契約書記載の工事を契約書記載の工期内に完成し、設計成果物及び工事目的物を発注者に引き渡すものとし、発注者は、その請負代金を支払うものとする。
4　設計方法、仮設、施工方法、その他設計成果物及び工事目的物を完成するために必要な一切の手段（以下「設計・施工方法等」という。）については、この約款及び設計図書に特別の定めがある場合を除き、受注者がその責任において定める。
5　受注者は、この契約の履行に関して知り得た秘密を漏らしてはならない。
6　この約款に定める指示、請求、通知、報告、申出、承諾、質問、回答及び解除（以下「指示等」という。）は、書面により行わなければならない。
7　この契約の履行に関して発注者と受注者との間で用いる言語は、日本語とする。
8　この約款に定める金銭の支払いに用いる通貨は、日本円とする。
9　この契約の履行に関して発注者と受注者との間で用いる計量単位は、設計図書（設計成果物を除く。）に特別の定めがある場合を除き、計量法（平成4年法律第51号）に定めるものとする。
10　この約款及び設計図書（設計成果物を除く。）における期間の定めについては、民法（明治29年法律第89号）及び商法（明治32年法律第48号）の定めるところによるものとする。
11　この契約は、日本国の法令に準拠するものとする。
12　この契約に係る訴訟については、日本国の裁判所をもって合意による専属的管轄裁判所とする。
13　受注者が共同企業体を結成している場合においては、発注者は、この契約に基づくすべて

> の行為を共同企業体の代表者に対して行うものとし、発注者が当該代表者に対して行ったこの契約に基づくすべての行為は、当該企業体のすべての構成員に対して行ったものとみなし、また、受注者は、発注者に対して行うこの契約に基づくすべての行為について当該代表者を通じて行わなければならない。

1．概要
　総則規定として、発注者と請負者の間で締結される請負契約が、本契約約款及び設計図書の定めに従って履行されるべきことを規定している。

2．履行されるべき契約内容
　公共工事標準請負契約約款においては、当該契約において履行されるべき契約の対象は、「この約款及び設計図書を内容とする工事」として規定されているが、本契約約款では設計・施工一括発注方式の契約として、その契約の対象を「この約款及び設計図書を内容とする設計及び施工」であることを第1項で規定している。

3　用語の定義
　本契約約款で用いる用語は、分離発注時の公共工事標準請負契約約款、公共土木設計業務等標準委託契約約款、並びに工事及び設計業務等の共通仕様書において使用されている用語を基本としているが、これら図書の用語と混乱を招く用語に関して、第2項において定義を明確化している。
（1）「設計図書」
　公共工事標準請負契約約款において、施工の実施に際して基づくべき図書である「設計図書」は「別冊の図面、仕様書、現場説明書及び現場説明に対する質問回答書」であると規定され、建設コンサルタントが実施した設計の設計成果は、「別冊の図面、仕様書」に含まれている。
　一方、設計・施工一括発注方式では受注者が設計を行い、その設計成果物に基づいて施工を行うこととなる。ここで、国土交通省が策定している土木工事共通仕様書（下記参照）に規定されているように、発注者が承諾した図面は設計図書に含まれるため、本契約約款では、設計図書に「設計成果物」を含めることを第2項第1号で規定している。

土木工事共通仕様書
> 第1編　共通編　第1章　総則
> 1－1－2　用語の定義
> 6．設計図書
> 　設計図書とは、仕様書、図面、現場説明書及び現場説明に対する質問回答書をいう。
> 　また、土木工事においては、工事数量総括表を含むものとする。
> 12．図面
> 　図面とは、入札に際して発注者が示した設計図、発注者から変更または追加された設計図、工事完成図等をいう。なお、設計図書に基づき監督職員が受注者に指示した図面および受注者

> が提出し、監督職員が書面により承諾した図面を含むものとする。

(2)「設計図書（設計成果物を除く。）」

設計・施工一括発注方式においては、発注者が入札契約手続き時に提示する設計図書には設計成果物は含まれず、設計成果物が発注者によって承諾された後に、設計図書に含まれることとなる。

こうしたことから、設計図書として設計成果物を除く場合を区別するために、「設計図書（設計成果物を除く。）」を第2項第2号で規定している。

(3)「設計」、「施工」、「工事」

本契約約款において対象とする設計施工請負契約において履行する「設計」と「施工」の内容を第2項第3号及び4号で規定するとともに、設計と施工を含む全体を「工事」と称することを第2項第5号で規定している。

4．設計成果物の引渡し

設計成果物は、当該構造物の維持管理にあって重要な基本資料であることから、設計・施工一括発注方式における契約の履行として、工事目的物とともに設計成果物も引渡しの対象物であることを第3項に明示的に規定している。

5．設計の自主施行

公共工事標準請負契約約款において、施工方法に関しては「自主施工の原則」が規定されている。また、公共土木設計業務等標準委託契約約款においても、業務の手段に関して「自主施行の原則」が規定されている。

本契約約款の設計に関しても要求性能や従うべき基準は仕様書で示されることから、設計の方法は公共土木設計業務等標準委託契約約款と同様に受注者の自主性に任せるものであることを第4項に規定している。

6．書面主義

公共工事標準請負契約約款において、請求、通知、報告、申出、承諾及び解除の発注者と受注者の間の行為は、書面により行うことが規定されている。公共土木設計業務等標準委託契約約款ではさらに、指示、質問、及び回答が追加で規定されており、第6項ではこれらを併せた「指示等」が書面により行わなければならないことを規定している。

> **第2条（関連工事の調整）**
> 第2条　発注者は、受注者の<u>実施</u>する工事及び発注者の発注に係る第三者の<u>実施</u>する他の工事が<u>実施</u>上密接に関連する場合において、必要があるときは、その<u>実施</u>につき、調整を行うものとする。この場合においては、受注者は、発注者の調整に従い、当該第三者の行う工事の円滑な<u>実施</u>に協力しなければならない。

1．概要

　公共工事標準請負契約約款第2条（関連工事の調整）に準拠した規定となっているが、本契約約款の第1条第2項第5号で「「工事」とは「設計」及び「施工」を言う。」と定義していることから、用語としての整合を取るため、「工事の施工」を「工事の実施」に変更している。

　第18条、第26条、第27条、第28条、第43条、第52条についても同様の考え方で公共工事標準契約約款の用語を変更している。

> **第3条（請負代金内訳書及び工程表）**
> 第3条　受注者は、この契約締結後○日以内に設計図書（設計成果物を除く。）に基づいて、請負代金内訳書（以下「内訳書」という。）及び設計の工程と施工の概略の工程を示した全体工程表を作成し、発注者に提出しなければならない。
> 2　受注者は、第13条の2第2項に規定する設計成果物の承諾を得たときは、設計成果物等に基づいた内訳書及び施工の工程表を作成し設計成果物に係る発注者の承諾後○日以内に発注者に提出しなければならない。
> 3　内訳書及び工程表は、発注者及び受注者を拘束するものではない。
> 　　［注］　発注者が内訳書を必要としない場合は、内訳書に関する部分を削除する。
> 4　発注者及び受注者は、設計成果物に基づく変更契約の内容に応じた内訳書の提出後、速やかに、その内容について協議し、単価合意書を締結するものとする。
> 5　設計成果物に基づく変更契約の内容に応じた単価合意書は、この約款の他の条項において定める場合を除き、発注者及び受注者を拘束するものではない。
> 6　受注者は、請負代金額の変更があった場合には、内訳書を変更し、○日以内に設計図書に基づいて、発注者に提出しなければならない。
> 7　第4項の規定は、請負代金額の変更後の単価合意の場合に準用する。その場合において、協議開始の日から○日以内に協議が整わない場合には、発注者が定め、受注者に通知する。
> 8　第1項から第4項まで、第6項及び第7項の内訳書に係る規定は、請負代金額が1億円未満又は工期が6箇月未満の工事で、受注者が、単価包括合意方式を選択し、かつ、工事費構成書の提示を求めない場合は、適用しない。

1．概要

　請負代金内訳書及び工程表の発注者への提出について規定するとともに、直接工事費、共通仮設費(積み上げ分)、共通仮設費（率分）、現場管理費及び一般管理費等の単価等を受発注者双方で協議・合意し単価合意書を締結する旨を規定している。

　なお、契約締結後の規定日数以内に提出された請負代金内訳書と工程表については、設計が完了し発注者の承諾を得た設計成果物に基づいて受注者が変更を行い、発注者に再提出を行うことを規定している。

　また、請負代金内訳書、工程表及び単価合意書は発注者及び受注者を拘束しないことを規定している。

2．工程表

　公共工事標準請負契約約款においても受注者が発注者に対して工程表を提出することを規定しているが、本契約約款では、設計段階から工程表の提出を求めることを第1項で明示的に規定している。その際に受注者は、設計が完了していない時点で施工に係わる工程表の提出を求められることから、「概略の工程」として規定している。

　また、設計が完了し設計成果物に関して発注者の承諾を得られた後に、設計成果物に基づいた施工の工程表を再度提出することを第2項で規定している。

3　請負代金内訳書

　契約時点においては詳細な設計が行われておらず、施工数量が確定していない。そのため、契約締結後、受注者は設計図書（設計成果物を除く。）に基づく内訳書を発注者に提出するものの、設計が完了し設計成果物に関して発注者の承諾が得られた後に、設計成果物に基づいた内訳書を再度、提出することを第2項で規定している。

4．単価合意

　本契約約款では、設計が完了し発注者が承諾（第13条の2（設計成果物及び設計成果物に基づく施工の承諾））した内容に基づいて、直接工事費、共通仮設費（積み上げ分）、共通仮設費（率分）、現場管理費及び一般管理費等の単価等について、発注者と受注者間で協議し合意した内容で単価合意書を締結することを第4項で規定している。

　この単価合意は、工事請負契約における受発注者間の双務性の向上の観点から、請負代金額の変更があった場合の金額の算定や部分払金額の算定を行うための単価等を前もって協議し、合意しておくことにより、設計変更や部分払に伴う協議の円滑化を図ることを目的とするものである。

　この単価合意の実施方法等については、国土交通省の「総価契約単価合意方式の実施について（平成23年9月14日付け国地契第30号、国官技第183号、国北予第20号）」が参考となる。

「単価包括合意方式」：「総価契約単価合意方式」で契約された工事における、単価合意の方法で、規模の小さい工事、請負代金額の変更が生ずる可能性が小さい工事、受注者の考えている単価と発注者の積算単価がほぼ一致している工事などにおいては、単価合意のメリットよりも単価協議の負担の方が大きいことが想定され、受注者が希望すれば、単価協議の手間を省き、全ての発注者積算単価に一律に請負比率を乗じたものを合意単価と見なす。この単価合意方法を単価包括合意方式という。

第4条（契約の保証）

第4条（A） 受注者は、この契約の締結と同時に、次の各号のいずれかに掲げる保証を付さなければならない。ただし、第5号の場合においては、履行保証保険契約の締結後、直ちにその保険証券を発注者に寄託しなければならない。
　一　契約保証金の納付
　二　契約保証金に代わる担保となる有価証券等の提供
　三　この契約による債務の不履行により生ずる損害金の支払いを保証する銀行又は発注者が確実と認める金融機関等の保証
　四　この契約による債務の履行を保証する公共工事履行保証証券による保証
　五　この契約による債務の不履行により生ずる損害をてん補する履行保証保険契約の締結
2　前項の保証に係る契約保証金の額、保証金額又は保険金額（第4項において「保証の額」という。）は、請負代金額の10分の〇以上としなければならない。
3　第1項の規定により、受注者が同項第2号又は第3号に掲げる保証を付したときは、当該保証は契約保証金に代わる担保の提供として行われたものとし、同項第4号又は第5号に掲げる保証を付したときは、契約保証金の納付を免除する。
4　請負代金額の変更があった場合には、保証の額が変更後の請負代金額の10分の〇に達するまで、発注者は、保証の額の増額を請求することができ、受注者は、保証の額の減額を請求することができる。
　［注］　（A）は、金銭的保証を必要とする場合に使用することとし、〇の部分には、たとえば、1と記入する。

第4条（B）　受注者は、この契約の締結と同時に、この契約による債務の履行を保証する公共工事履行保証証券による保証（瑕疵担保特約を付したものに限る。）を付さなければならない。
2　前項の場合において、保証金額は、請負代金額の10分の〇以上としなければならない。
3　請負代金額の変更があった場合には、保証金額が変更後の請負代金額の10分の〇に達するまで、発注者は、保証金額の増額を請求することができ、受注者は、保証金額の減額を請求することができる。
　［注］　（B）は、役務的保証を必要とする場合に使用することとし、〇の部分には、たとえば、3と記入する。

1．概要

　本契約約款で契約の保証に関して公共工事標準請負契約約款を追加・修正する事項はない。

> **第5条（権利義務の譲渡等）**
> 第5条　受注者は、この契約により生ずる権利又は義務を第三者に譲渡し、又は承継させてはならない。ただし、あらかじめ、発注者の承諾を得た場合は、この限りでない。
> 　［注］　ただし書の適用については、たとえば、受注者が工事に係る請負代金債権を担保として資金を借り入れようとする場合（受注者が、「下請セーフティネット債務保証事業」（平成11年1月28日建設省経振発第8号）又は「地域建設業経営強化融資制度」（平成20年10月17日国総建第197号、国総建整第154号）により資金を借り入れようとする等の場合）が該当する。
> <u>2　受注者は、設計成果物（未完成の設計成果物及び設計を行う上で得られた記録等を含む。）を第三者に譲渡し、貸与し、又は質権その他の担保の目的に供してはならない。ただし、あらかじめ、発注者の承諾を得た場合は、この限りでない。</u>
> 3　受注者は、工事目的物、工事材料（工場製品を含む。以下同じ。）のうち第13条第2項の規定による検査に合格したもの及び第37条第3項の規定による部分払のため確認を受けたものを第三者に譲渡し、貸与し、又は抵当権その他の担保の目的に供してはならない。ただし、あらかじめ、発注者の承諾を得た場合は、この限りでない。

1．概要

　公共工事標準請負契約約款第5条（権利義務の譲渡等）では、契約にともなう権利・義務の譲渡・継承等を発注者の承諾なしに行うことを禁ずる旨を規定している。
　本契約約款では、施工に係わる事項に加え、設計成果物も含めるものとして規定している。

2．設計成果物に関する譲渡等の禁止

　第2項で設計成果物に関しても、発注者の承諾を得た場合を除いた権利義務の譲渡等の禁止に係わる事項を公共土木設計業務等標準委託契約約款第5条（権利義務の譲渡等の禁止）第2項に準拠して規定している。

> **第5条の2（著作権の譲渡等）**
> 第5条の2　受注者は、設計成果物（第38条第1項に規定する指定部分に係る設計成果物を含む。以下この条において同じ。）が著作権法（昭和45年法律第48号）第2条第1項第1号に規定する著作物（以下この条において「著作物」という。）に該当する場合には、当該著作物に係る受注者の著作権（著作権法第21条から第28条まで規定する権利をいう。）を当該著作物の引渡し時に発注者に無償で譲渡する。
> 2　発注者は、設計成果物が著作物に該当するとしないとにかかわらず、当該設計成果物の内容を受注者の承諾なく自由に公表することができ、また、当該設計成果物が著作物に該当する場合には、受注者が承諾したときに限り、既に受注者が当該著作物に表示した氏名を変更することができる。
> 3　受注者は、設計成果物が著作物に該当する場合において、発注者が当該著作物の利用目的の実現のためにその内容を改変するときは、その改変に同意する。また、発注者は、設計成果物が著作物に該当しない場合には、当該設計成果物の内容を受注者の承諾なく自由に改変することができる。
> 4　受注者は、設計成果物（設計を行う上で得られた記録等を含む。）が著作物に該当するとしないとにかかわらず、発注者が承諾した場合には、当該設計成果物を使用又は複製し、また、第1条第5項の規定にかかわらず当該設計成果物の内容を公表することができる。
> 5　発注者は、受注者が設計成果物の作成に当たって開発したプログラム（著作権法第10条第1項第9号に規定するプログラムの著作物をいう。）及びデータベース（著作権法第12条の2に規定するデータベースの著作物をいう。）について、受注者が承諾した場合には、別に定めるところにより、当該プログラム及びデータベースを利用することができる。

1．概要

　本契約約款では、契約の対象として工事目的物に加えて設計成果物も含まれることから、設計成果物に係わる著作権に関して、その無償譲渡等を規定している。

2．著作権の譲渡等

　設計成果物の著作権の譲渡等に関しては、設計成果物が著作権法（昭和45年法律第48号）第2条第1項第1号に規定する著作物（以下「著作物」という。）に該当する場合に、当該著作物に係る受注者の著作権（著作権法第21条から第28条まで規定する権利をいう。）を当該著作物の引渡し時に発注者に無償で譲渡する旨が、公共土木設計業務等標準委託契約約款第6条（著作権の譲渡等）に規定されており、当該条項に準拠して本条項を追加している。

4．逐条解説

> **第6条（施工の一括委任又は一括下請負の禁止）**
> 第6条　受注者は、<u>施工</u>の全部若しくはその主たる部分又は他の部分から独立してその機能を発揮する工作物の<u>施工</u>を一括して第三者に委任し、又は請け負わせてはならない。
> ［注］　公共工事の入札及び契約の適正化の促進に関する法律（平成12年法律第127号）の適用を受けない発注者が建設業法施行令（昭和31年政令第273号）第6条の3に規定する工事以外の工事を発注する場合においては、「ただし、あらかじめ、発注者の承諾を得た場合は、この限りではない。」とのただし書を追記することができる。

1．概要

公共工事標準請負契約約款第6条（一括委任又は一括下請負の禁止）では、受注者が請け負った工事に関して第三者に一括して請け負わせることを禁止している。

本契約約款では、一括委任又は一括下請負の禁止に関する規定は、施工と設計に関してそれぞれ規定し、そのうち本条は施工に係わるものである。

【参　考：設計の実施者】

設計・施工一括発注方式における設計と施工の実施者については、図4-1のような体制が考えられる。そのうち本契約約款は、施工会社が単独で設計と施工を実施する場合（図4-1の左側）と、建設コンサルタントが施工会社の下請で設計を実施する場合（図4-1の中央）の2つの実施体制に対応している。

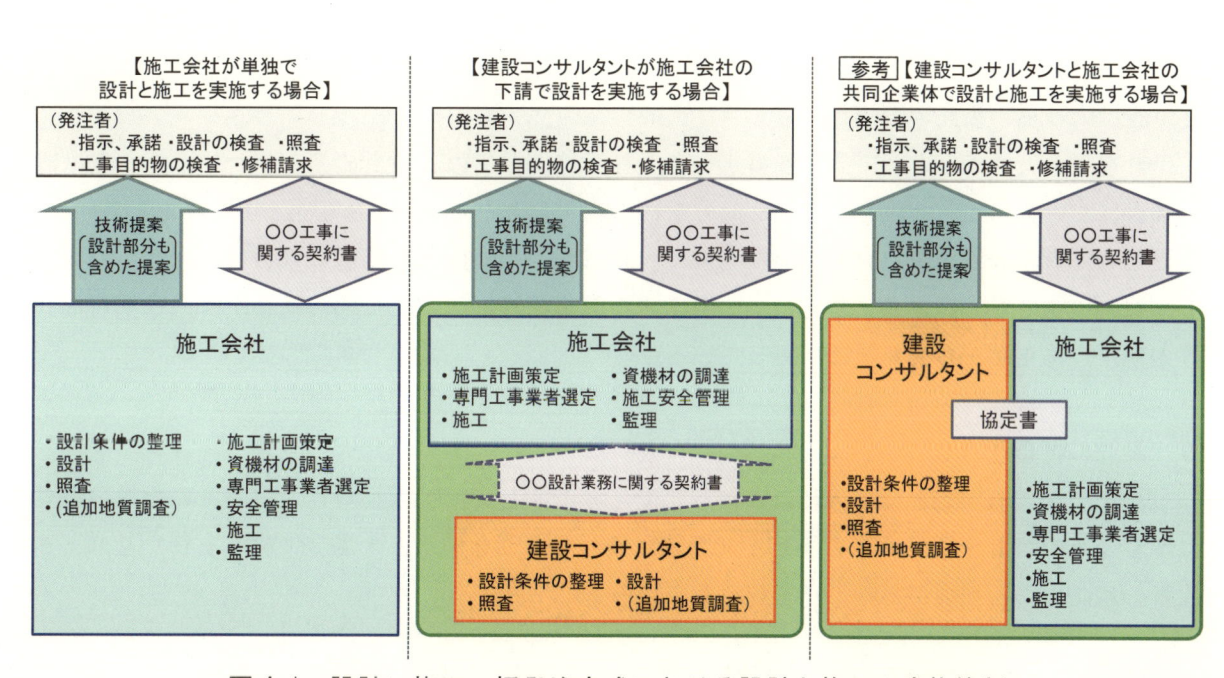

図4-1　設計・施工一括発注方式における設計と施工の実施体制

> **第6条の2（A）（設計の一括再委託等の禁止）**
> 第6条の2（A）　受注者は、設計の全部を一括して、又は発注者が設計図書（設計成果物を除く。）において指定した設計の主たる部分を第三者に委任し、又は請け負わせてはならない。
> 2　受注者は、前項の設計の主たる部分のほか、発注者が設計図書（設計成果物を除く。）において指定した設計の部分を第三者に委任し、又は請け負わせてはならない。
> 3　受注者は、設計の一部を第三者に委任し、又は請け負わせようとするときは、あらかじめ、発注者の承諾を得なければならない。ただし、発注者が設計図書（設計成果物を除く。）において指定した軽微な部分を委任し、又は請け負わせようとするときは、この限りでない。
> 　［注］　（A）は、受注者が設計を自ら行う予定として入札に参加した場合に使用する。
>
> **第6条の2（B）（設計の再委託）**
> 第6条の2（B）　受注者は、入札時に予定していた委託部分以外の設計の一部を第三者に委任し、又は請け負わせようとするときは、あらかじめ、発注者の承諾を得なければならない。ただし、発注者が設計図書（設計成果物を除く。）において指定した軽微な部分を委任し、又は請け負わせようとするときは、この限りでない。
> 　［注］　（B）は、受注者が設計を委託する予定として入札に参加した場合に使用する。

1．概要

「設計の一括再委託等の禁止」については、（A）が設計を自ら行う予定として入札に参加した受注者に、「設計の再委託」については、（B）が設計を委託する予定として入札参加した受注者に適用される。

2．設計の一括再委託等の禁止（A）

設計を自ら行う予定として入札に参加した受注者に関しては、設計の全部を一括して、又は設計図書において指定した設計の主たる部分を再委託することを第1項及び第2項で禁止している。ただし発注者が設計図書（設計成果物を除く。）において指定した軽微な部分であればこの限りではない（第3項）。本条の規定は、公共土木設計業務等標準委託契約約款第7条（一括再委託等の禁止）第1項から第3項に準拠している。

3．設計の再委託（B）

設計を委託する予定として入札に参加した受注者に関しては、入札時に予定していた部分以外に関してその設計を第三者に委任し、又は請け負わせようとするとき場合には、あらかじめ、発注者の承諾を得る必要があることを規定している。

第7条（施工の下請負人の通知）
第7条　発注者は、受注者に対して、施工の下請負人の商号又は名称、その他必要な事項の通知を請求することができる。

1．概要

　本契約約款では、施工に関する下請負人の規定であることを明確化するため、公共工事標準請負契約約款第7条（下請負人の通知）の「工事の下請負人」を「施工の下請負人」に変更して規定している。なお、設計に関しては第7条の2で規定している。

> **第7条の2（設計の再委託又は下請負人の通知）**
> 第7条の2　発注者は、受注者に対して、設計の一部を委任し、又は請け負わせた者の商号又は名称その他必要な事項の通知を請求することができる。

1．概要

　公共土木設計業務等標準委託契約約款第7条（一括再委託等の禁止）第4項に準拠して、発注者が受注者に対して、設計の一部を委任し、又は請け負わせた者の商号等の通知を請求できる旨を規定している。

> **第7条の3（設計受託者との委託契約等）**
> 第7条の3　受注者は、特段の理由がある場合を除き、設計図書（設計成果物を除く。）に定める設計を実施する下請負人（以下「設計受託者」という。）が受注者に提出した見積書（見積書の記載事項に変更が生じた場合には、設計図書（設計成果物を除く。）に定める方法により変更された見積書をいう。以下「設計見積書」という。）に記載の見積額以上の金額を委託費として、設計受託者と契約を締結しなければならない。
> 2　受注者は、設計受託者と契約を締結したときは、当該契約に係る契約書の写しを、速やかに発注者に提出しなければならない。
> 3　受注者は、設計受託者との契約内容に変更が生じたときは、設計図書（設計成果物を除く。）に定める方法に従い、当該変更に係る契約に関し設計受託者が提出した設計見積書の写し及び契約書の写しを、当該変更に係る契約の締結後速やかに、発注者に提出しなければならない。
> 4　受注者は、設計受託者への委託費の支払いが完了した後速やかに、設計図書（設計成果物を除く。）に定める方法に従い、設計受託者に対する支払いに関する報告書を、発注者に提出しなければならない。
> 5　発注者は、前3項の規定により設計見積書の写し、契約書の写し又は支払いに関する報告書を受領した後、必要があると認めるときは、受注者に対し、別に期限を定めて、その内容に関する説明を書面で提出させることができる。この場合において、受注者は、当該書面を発注者が定める期限までに提出しなければならない。
> 6　受注者は、設計受託者の倒産等やむを得ない場合を除き、設計受託者の変更をしてはならない。なお、やむを得ず設計受託者を変更する際には、発注者の承諾を得なくてはならない。
> 7　前項により受注者が新たに設計受託者と契約を締結した場合には、第2項中「当該契約に係る契約書の写し」を「当該契約に係る設計見積書及び契約書の写し」と読み替えて、この条の規定を適用する。
> 　［注］　本条は、受注者が設計を委託する予定として入札に参加した場合に使用する。

1．概要

　設計を委託する予定として入札に参加した受注者に関して、受注者から設計受託者への適正な支払いの実施を確保するため、受注者に対して、設計受託者が受注者に対して提出した設計に係わる見積書、受注者と設計受託者の契約書の写し及び受注者から設計受託者に対する支払いに関する報告書の発注者への提出等を規定している。

2．見積書等の提出

　受注者が設計を委託することを予定している場合に、設計の委託費の支払いが不適切となる場合、工事目的物の品質の基本となる設計の品質を確保できなくなることが懸念される。そのため、設計受託者への支払いに関して、設計に係わる見積書の提出（第1項）、契約書の写しの提出（第2項）及び支払いに関する報告書の提出（第4項）によって、その支払い状況が適切なものとなっているか発注者が把握できるようにしている。

この点に関して本契約約款では、設計受託者への支払いに関して「下請負人の見積を踏まえた入札方式の試行について（平成24年6月11日付け国地契第13号、国官技第60号、国営管第111号、国営計第27号、国土入企第1号、国港総第270号、国港技第65号、国北予第13号）」の考え方を踏襲している。

3　委託契約内容の変更
　受注者が設計受託者に設計を委託するために締結した契約に変更が生じた場合も、変更内容に対応した見積書及び変更契約書の写しを発注者に提出する旨を第3項において規定している。

4　設計受託者の変更
　設計受託者の変更については、設計受託者の能力等を競争参加者の評価に反映させていることから、設計受託者の倒産等のやむを得ない場合を除き、原則として認めていない。やむを得ず設計受託者を変更する際には第6項で、発注者の承諾を得るものと規定している。

> **第8条（特許権等の使用）**
> 第8条　受注者は、特許権、実用新案権、意匠権、商標権その他日本国の法令に基づき保護される第三者の権利（以下「特許権等」という。）の対象となっている工事材料、<u>設計・施工方法等</u>を使用するときは、その使用に関する一切の責任を負わなければならない。ただし、発注者がその工事材料、設計・施工方法等を指定した場合において、設計図書<u>（設計成果物を除く。）</u>に特許権等の対象である旨の明示がなく、かつ、受注者がその存在を知らなかったときは、発注者は、受注者がその使用に関して要した費用を負担しなければならない。

1．概要

　特許権等の使用に関して、施工方法に加えて設計方法に係わる事項に関しても受注者が一切の責任を負う旨を規定している。

第9条（監督員）
第9条　発注者は、監督員を置いたときは、その氏名を受注者に通知しなければならない。監督員を変更したときも同様とする。
2　監督員は、この約款の他の条項に定めるもの及びこの約款に基づく発注者の権限とされる事項のうち発注者が必要と認めて監督員に委任したもののほか、設計図書（設計成果物を除く。）に定めるところにより、次に掲げる権限を有する。
　一　この契約の履行についての受注者又は受注者の現場代理人に対する指示、承諾又は協議
　二　この約款及び設計図書（設計成果物を除く。）の記載内容に関する受注者の確認の申出、質問に対する承諾又は回答
　三　設計図書に基づく施工のための詳細図等の作成及び交付又は受注者が作成した詳細図等の承諾
　四　設計の進捗の確認、設計図書（設計成果物を除く。）の記載内容と履行内容との照合その他この契約の履行状況の監督
　五　設計図書に基づく工程の管理、立会い、工事の施工状況の検査又は工事材料の試験若しくは検査（確認を含む。）
3　発注者は、2名以上の監督員を置き、前項の権限を分担させたときにあってはそれぞれの監督員の有する権限の内容を、監督員にこの約款に基づく発注者の権限の一部を委任したときにあっては当該委任した権限の内容を、受注者に通知しなければならない。
4　第2項の規定に基づく監督員の指示又は承諾は、原則として、書面により行わなければならない。
5　発注者が監督員を置いたときは、この約款に定める指示等については、設計図書（設計成果物を除く。）に定めるものを除き、監督員を経由して行うものとする。この場合においては、監督員に到達した日をもって発注者に到達したものとみなす。
6　発注者が監督員を置かないときは、この約款に定める監督員の権限は、発注者に帰属する。

1．概要

　公共工事標準請負契約約款において、監督行為は「監督員」が行うものとしてその権限等が第9条（監督員）に規定されている。一方、公共土木設計業務等標準委託契約約款において「調査職員」が同様の権限を有するものとして第9条（調査職員）に規定されている。
　本契約約款では、監督行為は設計段階も含め「監督員」が実施し、設計段階における調査職員の権限に係わる事項を本条に追加して規定している。

2．契約書及び設計図書の内容の確認

　契約書及び設計図書の記載内容の確認に関しては、公共土木設計業務等標準委託契約約款第9条（調査職員）第2項第2号に準拠している。「公共土木設計業務等標準委託契約約款の解説　大成出版」によると、「本来、受注者は契約締結時点において、設計図書の内容を十分理解し、疑義のある点はこれを質問等することにより明らかにしておくべきであるが、契約の履行過程におい

て、より具体的な部分について新たな疑義を招くことも考えられる。本号は、こうした受注者の記載内容に係わる申出や疑問に対して、調査職員が承諾や回答を行い得ることを規定したものである。」とある。本契約約款においても同様の状況が生じる可能性があることから、監督員の権限として、第2項2号で規定している。

3．設計の実施における設計の進捗の確認等
　第2項第4号では契約の履行の確保のために設計段階において監督員が行う監督行為に係わる権限として、「設計の進捗の確認、設計図書（設計成果物を除く。）の記載内容と履行内容との照合その他契約の履行状況の調査」を規定している。この規定内容は、公共土木設計業務等標準委託契約約款第9条第2項第4号に準拠している。
　なお、設計段階における設計図書には受注者が作成する設計成果物は含まれないため、「設計図書（設計成果物を除く。）」を用いている。

第10条（現場代理人及び主任技術者等）

第10条　受注者は、次の各号に掲げる者を定めて工事現場に設置し、設計図書（設計成果物を除く。）に定めるところにより、その氏名その他必要な事項を発注者に通知しなければならない。これらの者を変更したときも同様とする。

　一　現場代理人
　二　(A)　[　]　主任技術者
　　　(B)　[　]　監理技術者
　三　専門技術者（建設業法（昭和24年法律第100号）第26条の2に規定する技術者をいう。以下同じ。）

　［注］　(B)は、建設業法第26条第2項の規定に該当する場合に、(A)は、それ以外の場合に使用する。
　　　　［　］の部分には、同法第26条第3項の工事の場合に「専任の」の字句を記入する。

2　現場代理人は、この契約の履行に関し、工事現場に常駐し、その運営、取締りを行うほか、請負代金額の変更、請負代金の請求及び受領、第12条第1項の請求の受理、同条第4項の決定及び通知並びにこの契約の解除に係る権限を除き、この契約に基づく受注者の一切の権限を行使することができる。

3　発注者は、前項の規定にかかわらず、現場代理人の工事現場における運営、取締り及び権限の行使に支障がなく、かつ、発注者との連絡体制が確保されると認めた場合には、現場代理人について工事現場における常駐を要しないこととすることができる。

4　受注者は、第2項の規定にかかわらず、自己の有する権限のうち現場代理人に委任せず自ら行使しようとするものがあるときは、あらかじめ、当該権限の内容を発注者に通知しなければならない。

1．概要

　現場代理人と施工に関する配置技術者について規定している。現場代理人は設計においても、契約に係わる権限を有することとしている。

2．現場代理人及び施工に関する配置技術者

　本契約約款で施工においては、工事現場に配置する現場代理人及び施工に関する技術者は公共工事標準請負契約約款における規定と同様となる。ただし、第2項では、現場代理人が契約の履行に関し設計と施工の双方で、受注者の代理人として次に掲げる権限に係わることを除く一切の権限を行使できることを規定している。

　ア）請負代金額の変更、請負代金額の請求及び受領
　イ）第12条第1項に規定する発注者の現場代理人に関する措置請求の受理
　ウ）第12条第4項に規定する発注者の現場代理人に関する措置請求に対する決定及びその通知
　エ）契約の解除に係る権限

3．現場代理人の常駐義務

第3項により、設計期間中の現場代理人の常駐義務は、設計施工分離発注時の施工開始前の準備段階と同様に発生しない。同項に関する通達として、「現場代理人の常駐義務緩和に関する適切な運用について（平成23年11月14日付け国土建第161号）」がある。その中で「契約締結後、現場事務所の設置、資器材の搬入又は仮設工事等が開始されるまでの期間や、〜（中略）〜、発注者との連絡体制を確保した上で、常駐義務を緩和することが考えられる」との記載があり、設計期間中の扱いも同様と考えられる。

第10条の2（管理技術者）

第10条の2　受注者は、設計の進捗の管理を行う管理技術者を定め、その氏名その他必要な事項を発注者に通知しなければならない。その者を変更したときも、同様とする。

1．概要

　設計の進捗管理を行う「管理技術者」の配置を求めることを規定している。

2．管理技術者

　公共土木設計業務等標準委託契約約款において配置を求めている管理技術者は、業務の管理及び統轄を行うほか、契約に係わる事項の権限を有する者として規定されているが、本契約約款においては契約に係わる事項は全て現場代理人の権限とし、管理技術者の権限として規定していない。

　また、公共土木設計業務等標準委託契約約款において管理技術者は、業務の技術上の管理を行う者として規定されているが、設計・施工一括発注方式においては受注者が自ら設計を行う場合と設計を第三者に委託する場合があることから、設計の技術上の管理を行う者として設計主任技術者の配置を求め、管理技術者は設計の進捗管理だけを行うこととして規定している。

　設計主任技術者については第10条の3（設計主任技術者）で規定しており、設計を委託する受注者の場合、設計主任技術者は設計受託者に所属する者を配置することとしている。

4．逐条解説

第 10 条の 3（設計主任技術者）

第 10 条の 3（A）　受注者は、設計の技術上の管理及び統轄を行う設計主任技術者を定め、その氏名その他必要な事項を発注者に通知しなければならない。その者を変更したときも、同様とする。

　［注］　（A）は、受注者が設計を自ら行う予定として入札に参加した場合に使用する。

第 10 条の 3（B）　受注者は、設計の技術上の管理及び統轄を行う設計主任技術者を定め、その氏名その他必要な事項を発注者に通知しなければならない。その者を変更したときも、同様とする。
2　設計主任技術者は設計受託者に所属する者としなければならない。

　［注］　（B）は、受注者が設計を委託する予定として入札に参加した場合に使用する。

1．概要

　設計における技術上の管理を行う「設計主任技術者」の配置を求めることを規定している。

2．設計主任技術者

　本契約約款では、第 10 条の 2 で規定している管理技術者に加え、設計の技術上の管理及び統括を行う設計主任技術者の配置を求めている。

　設計主任技術者は、（A）で設計を自ら行う受注者であれば受注者に所属する者から、（B）の第 2 項で設計を委託する受注者であれば設計受託者に所属する者から配置することを規定している。

> **第 10 条の 4（照査技術者）**
> 第 10 条の 4（A）　受注者は、設計図書（設計成果物を除く。）に定める場合には、設計成果物の内容の技術上の照査を行う照査技術者を定め、その氏名その他必要な事項を発注者に通知しなければならない。その者を変更したときも、同様とする。
> 　［注］　(A) は、受注者が設計を自ら行う予定として入札に参加した場合に使用する。
>
> 第 10 条の 4（B）　受注者は、設計図書（設計成果物を除く。）に定める場合には、設計成果物の内容の技術上の照査を行う照査技術者を定め、その氏名その他必要な事項を発注者に通知しなければならない。その者を変更したときも、同様とする。
> 2　照査技術者は設計受託者に所属する者としなければならない。
> 　［注］　(B) は、受注者が設計を委託する予定として入札に参加した場合に使用する。

1．概要

　設計における設計成果物の内容の技術上の照査を行う「照査技術者」の配置を求めることを規定している。

2．照査技術者

　公共土木設計業務等標準委託契約約款においては、照査技術者は、設計図書において配置を求める場合に限って配置するものとして規定しており、本契約約款でも同様の規定としている。

　照査技術者は、(A) で設計を自ら行う受注者であれば受注者に所属する者から、(B) の第 2 項で設計を委託する受注者であれば設計受託者に所属する者から配置することを規定している。

4．逐条解説

> **第10条の5（技術者等の兼務）**
> 第10条の5（A）　現場代理人、主任技術者（監理技術者）及び専門技術者は、これを兼ねることができる。
> 2　管理技術者及び設計主任技術者は、これを兼ねることができる。
> 3　現場代理人、主任技術者（監理技術者）及び専門技術者は、管理技術者及び設計主任技術者又は照査技術者を兼ねることができる。
> 　［注］　（A）は、受注者が設計を自ら行う予定として入札に参加した場合に使用する。
>
> 第10条の5（B）　現場代理人、主任技術者（監理技術者）及び専門技術者は、これを兼ねることができる。
> 2　現場代理人、主任技術者（監理技術者）及び専門技術者は、管理技術者を兼ねることができる。
> 　［注］　（B）は、受注者が設計を委託する予定として入札に参加した場合に使用する。

１．概要
　現場代理人の他、設計に関する技術者及び施工に関する技術者の兼務について規定している。

２．技術者等の兼務
　本契約約款では、公共工事標準請負契約約款及び公共土木設計業務等標準委託契約約款における技術者等の兼務の考え方等を踏まえ、設計と施工に関する配置技術者の兼務については、それぞれの要件を満たせば兼務を可能としている。
　具体的な各技術者等の兼務については図4-2及び図4-3に示したとおりで、現場代理人と施工に関する技術者が兼務できることに加え、受注者が自ら設計する場合には（A）を使用し、第3項により現場代理人と施工に関する技術者は管理技術者及び設計主任技術者又は照査技術者を兼務できると規定している。受注者が設計を委託する場合には（B）を使用し、第2項により現場代理人と施工に関する技術者は管理技術者を兼務できると規定している。

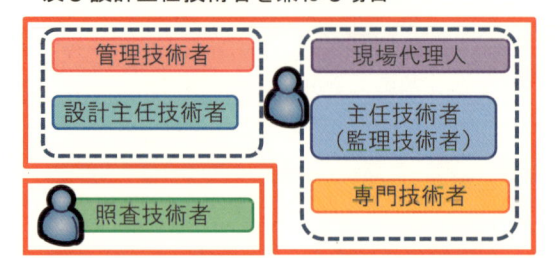

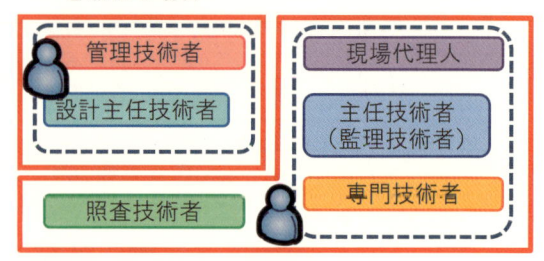

図 4-2　技術者等の兼務　(A) 受注者が設計を自ら行う場合

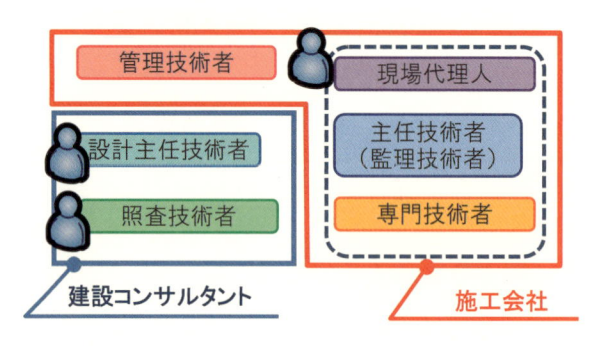

図 4-3　技術者等の兼務　(B) 受注者が設計を建設コンサルタントに委託する場合

> **第 11 条（履行報告）**
> 第 11 条　受注者は、設計図書に定めるところにより、この契約の履行について発注者に報告しなければならない。

1．概要

　本契約約款で履行報告に関して公共工事標準請負契約約款を追加・修正する事項はない。

第12条（工事関係者に関する措置請求）

第12条 (A)　発注者は、現場代理人がその職務（管理技術者、設計主任技術者、照査技術者、主任技術者（監理技術者）又は専門技術者と兼任する現場代理人にあっては、それらの者の職務を含む。）の執行につき著しく不適当と認められるときは、受注者に対して、その理由を明示した書面により、必要な措置をとるべきことを請求することができる。

　[注]　(A)は、受注者が設計を自ら行う予定として入札に参加した場合に使用する。

　　　 (B)　発注者は、現場代理人がその職務（管理技術者、主任技術者（監理技術者）又は専門技術者と兼任する現場代理人にあっては、それらの者の職務を含む。）の執行につき著しく不適当と認められるときは、受注者に対して、その理由を明示した書面により、必要な措置をとるべきことを請求することができる。

　[注]　(B)は、受注者が設計を委託する予定として入札に参加した場合に使用する。

2 (A)　発注者は、管理技術者、設計主任技術者若しくは照査技術者（これらの者と現場代理人を兼任する者を除く。）又は受注者の使用人、第6条の2第3項の規定により受注者から設計を委任され、若しくは請け負った者が設計又は設計の管理につき著しく不適当と認められるときは、受注者に対して、その理由を明示した書面により、必要な措置をとるべきことを請求することができる。

　[注]　(A)は、受注者が設計を自ら行う予定として入札に参加した場合に使用する。

2 (B)　発注者は、管理技術者（現場代理人を兼任する者を除く。）、設計主任技術者、照査技術者若しくは設計受託者又は受注者の使用人、設計受託者の使用人、第6条の2の規定により受注者から設計を委任され、若しくは請け負った者が設計又は設計の管理につき著しく不適当と認められるときは、受注者に対して、その理由を明示した書面により、必要な措置をとるべきことを請求することができる。

　[注]　(B)は、受注者が設計を委託する予定として入札に参加した場合に使用する。

3　発注者又は監督員は、主任技術者（監理技術者）、専門技術者（これらの者と現場代理人を兼任する者を除く。）その他受注者が施工するために使用している下請負人、労働者等で施工又は施工の管理につき著しく不適当と認められるものがあるときは、受注者に対して、その理由を明示した書面により、必要な措置をとるべきことを請求することができる。

4　受注者は、前3項の規定による請求があったときは、当該請求に係る事項について決定し、その結果を請求を受けた日から10日以内に発注者に通知しなければならない。

5　受注者は、監督員がその職務の執行につき著しく不適当と認められるときは、発注者に対して、その理由を明示した書面により、必要な措置をとるべきことを請求することができる。

6　発注者は、前項の規定による請求があったときは、当該請求に係る事項について決定し、その結果を請求を受けた日から10日以内に受注者に通知しなければならない。

1．概要

　配置された設計及び施工に関する技術者等について、工事の実施に対して著しく不適当な場合に発注者は、受注者に対して必要な措置をとるべきことを請求できる旨を規定している。

2．設計関係者に関する措置請求

　工事関係者に関する措置請求は、公共工事標準請負契約約款第12条（工事関係者に関する措置請求）に準拠し、設計関係者に関する措置請求については、公共土木設計業務等標準委託契約約款第14条（管理技術者等に対する措置請求）に準拠した規定を第2項として追加している。

3．設計受託者に関する措置請求

　受注者が設計を委託する予定として入札に参加した場合における設計受託者に関しても、施工の下請負人と同様に、発注者の措置請求対象に含めている。

第13条（工事材料の品質及び検査等）

第13条　工事材料の品質については、設計図書に定めるところによる。設計図書にその品質が明示されていない場合にあっては、中等の品質を有するものとする。

2　受注者は、設計図書において監督員の検査（確認を含む。以下この条において同じ。）を受けて使用すべきものと指定された工事材料については、当該検査に合格したものを使用しなければならない。この場合において、当該検査に直接要する費用は、受注者の負担とする。

3　監督員は、受注者から前項の検査を請求されたときは、請求を受けた日から〇日以内に応じなければならない。

4　受注者は、工事現場内に搬入した工事材料を監督員の承諾を受けないで工事現場外に搬出してはならない。

5　受注者は、前項の規定にかかわらず、第2項の検査の結果不合格と決定された工事材料については、当該決定を受けた日から〇日以内に工事現場外に搬出しなければならない。

1．概要

　本契約約款で工事材料の品質及び検査等に関して公共工事標準請負契約約款を追加・修正する事項はない。

第13条の2（設計成果物及び設計成果物に基づく施工の承諾）

第13条の2　受注者は、設計のすべて又は全体工程表に示した先行して施工する部分の設計が完了したときは、設計成果物を発注者に提出しなければならない。

2　発注者は、提出された設計成果物及び設計成果物に基づく施工を承諾する場合は、その旨を受注者に通知しなければならない。

3　受注者は、前項の規定による通知があるまでは、施工を開始してはならない。

4　第2項の承諾を行ったことを理由として、発注者は工事について何ら責任を負担するものではなく、また受注者は何らの責任を減じられず、かつ免ぜられているものではない。

1．概要

受注者は、設計が完了し施工を開始する前に、設計成果物と設計成果物に基づく施工について発注者の承諾を得なければならないことを規定している。また、発注者による承諾は、工事について発注者が何ら責任を負うものではないことを明記している。

2．発注者による設計成果物及び設計成果物に基づく施工の承諾

本契約約款では、発注者は設計図書（設計成果物を除く。）により求める性能を示し、その目的物の設計及び施工を受注者が請け負うこととなる。設計が完了した段階で発注者はその設計成果物に関して、自らが示した性能要件等を満たしているか確認を行い、要件を満たさない点等がある場合には施工開始前に指摘し修正を求めることとなる。よって第2項で設計完了時点において発注者が設計成果物の承諾を行うことを、さらに第3項で、発注者による承諾の前に、受注者が施工を開始できないことを規定している。

なお、設計成果物の承諾を「先行して施工する部分」に対しても行えることとしたのは、工期を短縮するために設計と施工を同時に行う場合を想定したためである。

3．設計成果物の承諾に係わる発注者の責任

本承諾によって、設計成果物が設計図書に組み込まれることとなるが、受注者は設計と施工の双方を併せて請け負っており、発注者の承諾後も、依然としてその責任は受注者に帰属する。

従って第4項で、施工段階あるいは工事目的物の完成後において設計の瑕疵が発見された場合にあっても、約款に規定された瑕疵担保期間であれば一切の責任は受注者に帰属し、発注者は責任を負う立場にないことを明示している。

第14条（監督員の立会い及び工事記録の整備等）

第14条　受注者は、設計図書において監督員の立会いの上調合し、又は調合について見本検査を受けるものと指定された工事材料については、当該立会いを受けて調合し、又は当該見本検査に合格したものを使用しなければならない。

2　受注者は、設計図書において監督員の立会いの上施工するものと指定された工事については、当該立会いを受けて施工しなければならない。

3　受注者は、前2項に規定するほか、発注者が特に必要があると認めて設計図書において見本又は工事写真等の記録を整備すべきものと指定した工事材料の調合又は施工をするときは、設計図書に定めるところにより、当該見本又は工事写真等の記録を整備し、監督員の請求があったときは、当該請求を受けた日から〇日以内に提出しなければならない。

4　監督員は、受注者から第1項又は第2項の立会い又は見本検査を請求されたときは、当該請求を受けた日から〇日以内に応じなければならない。

5　前項の場合において、監督員が正当な理由なく受注者の請求に〇日以内に応じないため、その後の工程に支障をきたすときは、受注者は、監督員に通知した上、当該立会い又は見本検査を受けることなく、工事材料を調合して使用し、又は施工することができる。この場合において、受注者は、当該工事材料の調合又は当該施工を適切に行ったことを証する見本又は工事写真等の記録を整備し、監督員の請求があったときは、当該請求を受けた日から〇日以内に提出しなければならない。

6　第1項、第3項又は前項の場合において、見本検査又は見本若しくは工事写真等の記録の整備に直接要する費用は、受注者の負担とする。

1．概要

　本契約約款で工事とは設計と施工を示す用語であることから、「工事の施工」ではなく「施工」と記述している。

第15条（支給材料及び貸与品）

第15条　発注者が受注者に支給する<u>設計に必要な物品等</u>及び工事材料（以下「支給材料」という。）並びに貸与する<u>設計に必要な物品等</u>及び建設機械器具（以下「貸与品」という。）の品名、数量、品質、規格又は性能、引渡場所及び引渡時期は、設計図書に定めるところによる。

2　監督員は、支給材料又は貸与品の引渡しに当たっては、受注者の立会いの上、発注者の負担において、当該支給材料又は貸与品を検査しなければならない。この場合において、当該検査の結果、その品名、数量、品質又は規格若しくは性能が設計図書の定めと異なり、又は使用に適当でないと認めたときは、受注者は、その旨を直ちに発注者に通知しなければならない。

3　受注者は、支給材料又は貸与品の引渡しを受けたときは、引渡しの日から〇日以内に、発注者に受領書又は借用書を提出しなければならない。

4　受注者は、支給材料又は貸与品の引渡しを受けた後、当該支給材料又は貸与品に第2項の検査により発見することが困難であった隠れた瑕疵があり使用に適当でないと認めたときは、その旨を直ちに発注者に通知しなければならない。

5　発注者は、受注者から第2項後段又は前項の規定による通知を受けた場合において、必要があると認められるときは、当該支給材料若しくは貸与品に代えて他の支給材料若しくは貸与品を引き渡し、支給材料若しくは貸与品の品名、数量、品質若しくは規格若しくは性能を変更し、又は理由を明示した書面により、当該支給材料若しくは貸与品の使用を受注者に請求しなければならない。

6　発注者は、前項に規定するほか、必要があると認めるときは、支給材料又は貸与品の品名、数量、品質、規格若しくは性能、引渡場所又は引渡時期を変更することができる。

7　発注者は、前2項の場合において、必要があると認められるときは工期若しくは請負代金額を変更し、又は受注者に損害を及ぼしたときは必要な費用を負担しなければならない。

8　受注者は、支給材料及び貸与品を善良な管理者の注意をもって管理しなければならない。

9　受注者は、設計図書に定めるところにより、工事の完成、設計図書の変更等によって不用となった支給材料又は貸与品を発注者に返還しなければならない。

10　受注者は、故意又は過失により支給材料又は貸与品が滅失若しくはき損し、又はその返還が不可能となったときは、発注者の指定した期間内に代品を納め、若しくは原状に復して返還し、又は返還に代えて損害を賠償しなければならない。

11　受注者は、<u>支給材料又は貸与品の使用方法が設計図書に明示されていないとき</u>は、監督員の指示に従わなければならない。

1．概要

　設計段階において発注者から支給及び貸与される調査機械器具、図面その他設計に必要な物品等が存在する可能性があることから、これらをまとめて「設計に必要な物品等」とし、支給材料及び貸与品に係わる規定に追加している。

第16条（工事用地の確保等）

第16条　発注者は、工事用地その他設計図書(設計成果物を除く。)において定められた施工上必要な用地（以下「工事用地等」という。）を受注者が施工上必要とする日（設計図書（設計成果物除く。）に特別の定めがあるときは、その定められた日）までに確保しなければならない。

2　受注者は、確保された工事用地等を善良な管理者の注意をもって管理しなければならない。

3　工事の完成、設計図書の変更等によって工事用地等が不用となった場合において、当該工事用地等に受注者が所有又は管理する工事材料、建設機械器具、仮設物その他の物件（下請負人の所有又は管理するこれらの物件を含む。）があるときは、受注者は、当該物件を撤去するとともに、当該工事用地等を修復し、取り片付けて、発注者に明け渡さなければならない。

4　前項の場合において、受注者が正当な理由なく、相当の期間内に当該物件を撤去せず、又は工事用地等の修復若しくは取片付けを行わないときは、発注者は、受注者に代わって当該物件を処分し、工事用地等の修復若しくは取片付けを行うことができる。この場合においては、受注者は、発注者の処分又は修復若しくは取片付けについて異議を申し出ることができず、また、発注者の処分又は修復若しくは取片付けに要した費用を負担しなければならない。

5　第3項に規定する受注者のとるべき措置の期限、方法等については、発注者が受注者の意見を聴いて定める。

1．概要

　工事用地の確保等について、第1項の設計図書が設計成果物を含まないことを明示している。また、本契約約款で工事とは設計と施工を示す用語であることから、「工事の施工」ではなく「施工」と記述している。

4．逐条解説

> **第17条（設計図書不適合の場合の改造義務及び破壊検査等）**
> <u>第17条　受注者は、設計成果物の内容が、設計図書（設計成果物を除く。）の内容に適合しない場合には、これらに適合するよう必要な修補を行わなければならない。また、当該不適合が施工済みの部分に影響している場合には、その施工部分に関する必要な改造を行わなければならない。この場合において、当該不適合が監督員の指示によるときその他発注者の責めに帰すべき事由によるときは、発注者は、必要があると認められるときは工期若しくは請負代金額を変更し、又は受注者に損害を及ぼしたときは必要な費用を負担しなければならない。</u>
> 2　受注者は、<u>施工部分が設計図書に適合しない場合において、監督員がその改造を請求したときは、当該請求に従わなければならない</u>。この場合において、当該不適合が監督員の指示によるときその他発注者の責めに帰すべき事由によるときは、発注者は、必要があると認められるときは工期若しくは請負代金額を変更し、又は受注者に損害を及ぼしたときは必要な費用を負担しなければならない。
> 3　監督員は、受注者が第13条第2項又は第14条第1項から第3項までの規定に違反した場合において、必要があると認められるときは、<u>施工部分を破壊して検査することができる</u>。
> 4　前項に規定するほか、監督員は、<u>施工部分が設計図書に適合しないと認められる相当の理由がある場合において、必要があると認められるときは、当該相当の理由を受注者に通知して、施工部分を最小限度破壊して検査することができる</u>。
> 5　前2項の場合において、検査及び復旧に直接要する費用は受注者の負担とする。

1．概要

　第1項では、設計成果物が設計図書（設計成果物を除く。）に適合しない場合に、受注者は設計成果物を修補し、さらに施工済みの部分に影響を及ぼしている場合は、その部分の改造をしなければならない旨を規定している。この場合、当該不適合が受注者の責めにない場合は、必要な費用を発注者が負担しなければならない。

　また、本契約約款で工事とは設計と施工を示す用語であることから、「工事の施工」ではなく「施工」と記述している。

第18条（条件変更等）
第18条　受注者は、工事の実施に当たり、次の各号のいずれかに該当する事実を発見したときは、その旨を直ちに監督員に通知し、その確認を請求しなければならない。

　一　図面、仕様書、数量総括表、現場説明書及び現場説明に対する質問回答書が一致しないこと（これらの優先順位が定められている場合を除く。）。

　二　設計図書（設計成果物を除く。）に誤謬又は脱漏があること。

　三　設計図書（設計成果物を除く。）の表示が明確でないこと。

　四　設計上の制約等設計図書（設計成果物を除く。）に示された自然的又は人為的な設計条件が実際と相違すること。

　五　工事現場の形状、地質、湧水等の状態、施工上の制約等設計図書（設計成果物を除く。）に示された自然的又は人為的な施工条件と実際の工事現場が一致しないこと。

　六　設計図書（設計成果物を除く。）で明示されていない設計条件又は施工条件について予期することのできない特別な状態が生じたこと。

2　監督員は、前項の規定による確認を請求されたとき又は自ら同項各号に掲げる事実を発見したときは、受注者の立会いの上、直ちに調査を行わなければならない。ただし、受注者が立会いに応じない場合には、受注者の立会いを得ずに行うことができる。

3　発注者は、受注者の意見を聴いて、調査の結果（これに対してとるべき措置を指示する必要があるときは、当該指示を含む。）をとりまとめ、調査の終了後〇日以内に、その結果を受注者に通知しなければならない。ただし、その期間内に通知できないやむを得ない理由があるときは、あらかじめ受注者の意見を聴いた上、当該期間を延長することができる。

4　前項の調査の結果において第1項の事実が確認された場合において、必要があると認められるときは、次の各号に掲げるところにより、設計図書の訂正又は変更を行わなければならない。

　一　第1項第1号から第3号までのいずれかに該当し設計図書を訂正する必要があるもの　設計図書（設計成果物を除く。）の訂正は発注者が行い、設計成果物の変更は受注者が行う。なお、受注者が変更を行った設計成果物については発注者の承諾を得るものとする。

　二　第1項第4号から第6号に該当し設計図書を変更する場合で工事目的物の変更を伴うもの　設計図書（設計成果物を除く。）の変更は発注者が行い、設計成果物の変更は受注者が行う。なお、受注者が変更を行った設計成果物については発注者の承諾を得るものとする。

　三　第1項第4号から第6号に該当し設計図書を変更する場合で工事目的物の変更を伴わないもの　発注者と受注者とが協議して設計図書（設計成果物を除く。）の変更は発注者が行い、設計成果物の変更は受注者が行う。なお、受注者が変更を行った設計成果物については発注者の承諾を得るものとする。

5　前項の規定により設計図書の訂正又は変更が行われた場合において、発注者は、必要があると認められるときは工期若しくは請負代金額を変更し、又は受注者に損害を及ぼしたときは必要な費用を負担しなければならない。

1．概要

　設計成果物を除く設計図書を構成する各図書間で相違がある場合や、設計成果物を除く設計図書に誤謬がある場合等については、受注者が発注者に通知し、確認を請求しなければならない旨を規定している。また、発注者はその通知に基づいて調査を行い、必要な場合には設計図書の変更等を行うとともに、工期または請負代金額の変更等を行わなければならないことを規定している。

2．設計図書の訂正・変更

　設計図書の訂正あるいは変更の必要がある場合に、発注時に示している設計成果物を除く設計図書の訂正・変更は発注者が行うものとし、設計成果物に関しては受注者が作成したものであることから、受注者が変更し発注者の承諾を得ることを第4項に規定している。

第 19 条（設計図書の変更）
第19条　発注者は、必要があると認めるときは、設計図書の変更内容を受注者に通知して、設計図書を変更することができる。この場合において、発注者は、必要があると認められるときは工期若しくは請負代金額を変更し、又は受注者に損害を及ぼしたときは必要な費用を負担しなければならない。ただし、設計図書（設計成果物を除く。）の変更は発注者が行い、設計成果物の変更は受注者が行う。なお、受注者が変更を行った設計成果物については発注者の承諾を得るものとする。

1．概要

　設計成果物を除く設計図書の変更については発注者が行い、設計成果物の変更については受注者が行う旨を規定している。ただし、受注者が変更した設計成果物については発注者による承諾を必要とする。

第20条（工事の中止）

第20条　工事用地等の確保ができない等のため又は暴風、豪雨、洪水、高潮、地震、地すべり、落盤、火災、騒乱、暴動その他の自然的又は人為的な事象（以下「天災等」という。）であって受注者の責めに帰すことができないものにより工事目的物等に損害を生じ若しくは工事現場の状態が変動したため、受注者が<u>施工</u>できないと認められるときは、発注者は、<u>施工</u>の中止内容を直ちに受注者に通知して、<u>施工</u>の全部又は一部を一時中止させなければならない。

2　発注者は、前項の規定によるほか、必要があると認めるときは、工事の中止内容を受注者に通知して、工事の全部又は一部を一時中止させることができる。

3　発注者は、前2項の規定により<u>工事</u>を一時中止させた場合において、必要があると認められるときは工期若しくは請負代金額を変更し、又は受注者が<u>施工</u>の続行に備え工事現場を維持し若しくは労働者、建設機械器具等を保持するための費用その他の施工の一時中止に伴う増加費用を必要とし、<u>設計の続行</u>に備え設計の一時中止に伴う増加費用を必要とし若しくは受注者に損害を及ぼしたときは必要な費用を負担しなければならない。

1．概要

　天災等の受注者の責任ではない事象や、その他発注者が必要があると認めるときの、施工又は工事の全部又は一部中止について規定している。

2．工事の中止

　第1項は公共工事標準請負契約約款第20条（工事の中止）第1項の規定を踏襲したものである。設計については、例えば天災等の発生によるオフィスの損壊等で、物理的に設計の遂行が不可能となる事態も想定し得るところではあるが、可能性として極めて低いことから、施工に限定した規定となっている。

　また、第2項では、第1項の事由以外でも発注者は設計と施工の両方を含む工事を中止させることができる旨、第3項では中止に伴う必要な費用については、発注者が負担しなければならない旨を規定している。

第 21 条（受注者の請求による工期の延長）

第 21 条　受注者は、天候の不良、第 2 条の規定に基づく関連工事の調整への協力その他受注者の責めに帰すことができない事由により工期内に工事を完成することができないときは、その理由を明示した書面により、発注者に工期の延長変更を請求することができる。

2　発注者は、前項の規定による請求があった場合において、必要があると認められるときは、工期を延長しなければならない。発注者は、その工期の延長が発注者の責めに帰すべき事由による場合においては、請負代金額について必要と認められる変更を行い、又は受注者に損害を及ぼしたときは必要な費用を負担しなければならない。

1．概要

　本契約約款で受注者の請求による工期の延長に関して公共工事標準請負契約約款を追加・修正する事項はない。

> **第 22 条（発注者の請求による工期の短縮等）**
> 第 22 条　発注者は、特別の理由により工期を短縮する必要があるときは、工期の短縮変更を受注者に請求することができる。
> 2　発注者は、この約款の他の条項の規定により工期を延長すべき場合において、特別の理由があるときは、延長する工期について、通常必要とされる工期に満たない工期への変更を請求することができる。
> 3　発注者は、前 2 項の場合において、必要があると認められるときは請負代金額を変更し、又は受注者に損害を及ぼしたときは必要な費用を負担しなければならない。

1．概要

　本契約約款で発注者の請求による工期の短縮等に関して公共工事標準請負契約約款を追加・修正する事項はない。

第23条（工期の変更方法）

第23条　工期の変更については、発注者と受注者とが協議して定める。ただし、協議開始の日から〇日以内に協議が整わない場合には、発注者が定め、受注者に通知する。

　［注］　〇の部分には、工期及び請負代金額を勘案して十分な協議が行えるよう留意して数字を記入する。

2　前項の協議開始の日については、発注者が受注者の意見を聴いて定め、受注者に通知するものとする。ただし、発注者が工期の変更事由が生じた日（第21条の場合にあっては発注者が工期変更の請求を受けた日、前条の場合にあっては受注者が工期変更の請求を受けた日）から〇日以内に協議開始の日を通知しない場合には、受注者は、協議開始の日を定め、発注者に通知することができる。

　［注］　〇の部分には、工期を勘案してできる限り早急に通知を行うように留意して数字を記入する。

1．概要

本契約約款で工期の変更方法に関して公共工事標準請負契約約款を追加・修正する事項はない。

第 24 条（請負代金額の変更方法等）

第 24 条　請負代金額の変更については、<u>数量の増減が著しく単価合意書の記載事項に影響があると認められる場合、設計条件又は施工条件が異なる場合、単価合意書に記載のない工種が生じた場合又は単価合意書の記載事項によることが不適当な場合で特別な理由がないときにあっては、</u>変更時の価格を基礎として発注者と受注者とが協議して定め、その他の場合にあっては、<u>単価合意書の記載事項を基礎として</u>発注者と受注者とが<u>協議し</u>て定める。ただし、協議開始の日から〇日以内に協議が整わない場合には、発注者が定め、受注者に通知する。

　[注]　〇の部分には、工期及び請負代金額を勘案して十分な協議が行えるよう留意して数字を記入する。

2　前項の協議開始の日については、発注者が受注者の意見を聴いて定め、受注者に通知するものとする。ただし、請負代金額の変更事由が生じた日から〇日以内に協議開始の日を通知しない場合には、受注者は、協議開始の日を定め、発注者に通知することができる。

　[注]　〇の部分には、工期を勘案してできる限り早急に通知を行うように留意して数字を記入する。

3　この約款の規定により、受注者が増加費用を必要とした場合又は損害を受けた場合に発注者が負担する必要な費用の額については、発注者と受注者とが協議して定める。

1．概要

　「総価契約単価合意方式の実施について（平成 23 年 9 月 14 日付け国地契第 30 号、国官技第 183 号、国北予第 20 号）」に準拠し、第 1 項を変更した。さらに本契約約款では施工条件に加えて設計条件が異なる場合も含めて規定している。

第25条（賃金又は物価の変動に基づく請負代金額の変更）

第25条　発注者又は受注者は、工期内で請負契約締結の日から12月を経過した後に日本国内における賃金水準又は物価水準の変動により請負代金額が不適当となったと認めたときは、相手方に対して請負代金額の変更を請求することができる。

2　発注者又は受注者は、前項の規定による請求があったときは、変動前残工事代金額（請負代金額から当該請求時の出来形部分に相応する請負代金額を控除した額をいう。以下この条において同じ。）と変動後残工事代金額（変動後の賃金又は物価を基礎として算出した変動前残工事代金額に相応する額をいう。以下この条において同じ。）との差額のうち変動前残工事代金額の1000分の15を超える額につき、請負代金額の変更に応じなければならない。

3　変動前残工事代金額及び変動後残工事代金額は、請求のあった日を基準とし、<u>単価合意書の記載事項及び物価指数等に基づき発注者と受注者とが協議して定める。ただし、協議開始の日から○日以内に協議が整わない場合にあっては、発注者が定め、受注者に通知する。</u>

　［注］　○の部分には、工期及び請負代金額を勘案して十分な協議が行えるよう留意して数字を記入する。

4　第1項の規定による請求は、この条の規定により請負代金額の変更を行った後再度行うことができる。この場合においては、同項中「請負契約締結の日」とあるのは、「直前のこの条に基づく請負代金額変更の基準とした日」とするものとする。

5　特別な要因により工期内に主要な工事材料の日本国内における価格に著しい変動を生じ、請負代金額が不適当となったときは、発注者又は受注者は、前各項の規定によるほか、請負代金額の変更を請求することができる。

6　予期することのできない特別の事情により、工期内に日本国内において急激なインフレーション又はデフレーションを生じ、請負代金額が著しく不適当となったときは、発注者又は受注者は、前各項の規定にかかわらず、請負代金額の変更を請求することができる。

7　前2項の場合において、請負代金額の変更額については、発注者と受注者とが協議して定める。ただし、協議開始の日から○日以内に協議が整わない場合にあっては、発注者が定め、受注者に通知する。

　［注］　○の部分には、工期及び請負代金額を勘案して十分な協議が行えるよう留意して数字を記入する。

8　第3項及び前項の協議開始の日については、発注者が受注者の意見を聴いて定め、受注者に通知しなければならない。ただし、発注者が第1項、第5項又は第6項の請求を行った日又は受けた日から○日以内に協議開始の日を通知しない場合には、受注者は、協議開始の日を定め、発注者に通知することができる。

　［注］○の部分には、工期を勘案してできる限り早急に通知を行うよう留意して数字を記入する。

1．概要

「総価契約単価合意方式の実施について（平成23年9月14日付け国地契第30号、国官技第183号、国北予第20号）」に準拠し、第3項を変更した。

> **第 26 条（臨機の措置）**
> 第 26 条　受注者は、災害防止等のため必要があると認めるときは、臨機の措置をとらなければならない。この場合において、必要があると認めるときは、受注者は、あらかじめ監督員の意見を聴かなければならない。ただし、緊急やむを得ない事情があるときは、この限りでない。
> 2　前項の場合においては、受注者は、そのとった措置の内容を監督員に直ちに通知しなければならない。
> 3　監督員は、災害防止その他工事の実施上特に必要があると認めるときは、受注者に対して臨機の措置をとることを請求することができる。
> 4　受注者が第 1 項又は前項の規定により臨機の措置をとった場合において、当該措置に要した費用のうち、受注者が請負代金額の範囲において負担することが適当でないと認められる部分については、発注者が負担する。

1．概要
　施工に加えて、設計においても監督員が必要と認めた場合に、受注者に対して臨機の措置をとることを請求できることを規定している。

2．設計における臨機の措置
　設計は室内作業が中心であるが、設計に際して現場調査を実施する場合もある。この点を考慮して、第 3 項において「災害防止その他工事の実施上特に必要があると認めるとき」と規定することで、監督員は設計と施工に関して臨機の措置を請求できることとしている。

> **第 27 条（一般的損害）**
> 第 27 条　設計成果物及び工事目的物の引渡し前に、設計成果物、工事目的物又は工事材料について生じた損害その他工事の実施に関して生じた損害（次条第 1 項若しくは第 2 項又は第 29 条第 1 項に規定する損害を除く。）については、受注者がその費用を負担する。ただし、その損害（第 51 条第 1 項の規定により付された保険等によりてん補された部分を除く。）のうち、発注者の責めに帰すべき事由により生じたものについては、発注者が負担する。

1．概要

　工事目的物に加えて、設計成果物に関してもその引渡し前に設計成果物に生じた損害については、受注者がその費用を負担することを規定している。

> **第 28 条（第三者に及ぼした損害）**
> 第 28 条　工事の実施について第三者に損害を及ぼしたときは、受注者がその損害を賠償しなければならない。ただし、その損害（第 51 条第 1 項の規定により付された保険等によりてん補された部分を除く。以下本条において同じ。）のうち発注者の責めに帰すべき事由により生じたものについては、発注者が負担する。
> 2　前項の規定にかかわらず、工事の実施に伴い通常避けることができない騒音、振動、地盤沈下、地下水の断絶等の理由により第三者に損害を及ぼしたときは、発注者がその損害を負担しなければならない。ただし、その損害のうち受注者が善良な管理者の注意義務を怠ったことにより生じたものについては、受注者が負担する。
> 3　前 2 項の場合その他工事の実施について第三者との間に紛争を生じた場合においては、発注者及び受注者は協力してその処理解決に当たるものとする。

1．概要
　「工事の実施」に伴う損害とすることで、設計及び施工に伴う第三者に対する損害を対象とすることを規定している。

第29条（不可抗力による損害）

第29条　設計成果物及び工事目的物の引渡し前に、天災等（設計図書（設計成果物を除く。）で基準を定めたものにあっては、当該基準を超えるものに限る。）で発注者と受注者のいずれの責めにも帰すことができないもの（以下この条において「不可抗力」という。）により、設計成果物、工事目的物、仮設物又は工事現場に搬入済みの調査機械器具、工事材料若しくは建設機械器具に損害が生じたときは、受注者は、その事実の発生後直ちにその状況を発注者に通知しなければならない。

2　発注者は、前項の規定による通知を受けたときは、直ちに調査を行い、同項の損害（受注者が善良な管理者の注意義務を怠ったことに基づくもの及び第51条第1項の規定により付された保険等によりてん補された部分を除く。以下この条において「損害」という。）の状況を確認し、その結果を受注者に通知しなければならない。

3　受注者は、前項の規定により損害の状況が確認されたときは、損害による費用の負担を発注者に請求することができる。

4　発注者は、前項の規定により受注者から損害による費用の負担の請求があったときは、当該損害の額（設計成果物、工事目的物、仮設物又は工事現場に搬入済みの調査機械器具、工事材料若しくは建設機械器具であって第13条第2項、第14条第1項若しくは第2項又は第37条第3項の規定による検査、立会いその他受注者の工事に関する記録等により確認することができるものに係る額に限る。）及び当該損害の取片付けに要する費用の額の合計額（第6項において「損害合計額」という。）のうち請負代金額の100分の1を超える額を負担しなければならない。

5　損害の額は、次に掲げる損害につき、それぞれ当該各号に定めるところにより、単価合意書の記載事項に基づき算定し、単価合意書の記載事項に基づき算定することが不適当な場合には、発注者が算定する。

　一　設計成果物又は工事目的物に関する損害
　　　損害を受けた設計成果物又は工事目的物に相応する請負代金額とし、残存価値がある場合にはその評価額を差し引いた額とする。
　二　工事材料に関する損害
　　　損害を受けた工事材料で通常妥当と認められるものに相応する請負代金額とし、残存価値がある場合にはその評価額を差し引いた額とする。
　三　仮設物、調査機械器具又は建設機械器具に関する損害
　　　損害を受けた仮設物、調査機械器具又は建設機械器具で通常妥当と認められるものについて、当該工事で償却することとしている償却費の額から損害を受けた時点における設計成果物又は工事目的物に相応する償却費の額を差し引いた額とする。ただし、修繕によりその機能を回復することができ、かつ、修繕費の額が上記の額より少額であるものについては、その修繕費の額とする。

6　数次にわたる不可抗力により損害合計額が累積した場合における第2次以降の不可抗力による損害合計額の負担については、第4項中「当該損害の額」とあるのは「損害の額の累計」と、「当該損害の取片付けに要する費用の額」とあるのは「損害の取片付けに要する費用の額

> の累計」と、「請負代金額の 100 分の 1 を超える額」とあるのは「請負代金額の 100 分の 1 を超える額から既に負担した額を差し引いた額」として同項を適用する。

1．概要

　「総価契約単価合意方式の実施について（平成 23 年 9 月 14 日付け国地契第 30 号、国官技第 183 号、国北予第 20 号）」に準拠し、第 5 項を変更した。さらに工事目的物に加えて、設計成果物及び設計に関連した調査機械器具が天災等の不可抗力により損害を被った場合に、その損害に伴う費用を発注者に請求できる旨を規定している。

第 30 条（請負代金額の変更に代える設計図書の変更）
第 30 条　発注者は、第 8 条、第 15 条、第 17 条から第 22 条まで、第 25 条から第 27 条まで、前条又は第 33 条の規定により請負代金額を増額すべき場合又は費用を負担すべき場合において、特別の理由があるときは、請負代金額の増額又は負担額の全部又は一部に代えて設計図書を変更することができる。この場合において、設計図書の変更内容は、発注者と受注者とが協議して定める。ただし、協議開始の日から〇日以内に協議が整わない場合には、発注者が定め、受注者に通知する。
　　［注］　〇の部分には、工期及び請負代金額を勘案して十分な協議が行えるよう留意して数字を記入する。
2　前項の協議開始の日については、発注者が受注者の意見を聴いて定め、受注者に通知しなければならない。ただし、発注者が請負代金額を増額すべき事由又は費用を負担すべき事由が生じた日から〇日以内に協議開始の日を通知しない場合には、受注者は、協議開始の日を定め、発注者に通知することができる。
　　［注］　〇の部分には、工期を勘案してできる限り早急に通知を行うよう留意して数字を記入する。

1．概要
　本契約約款で請負代金額の変更に代える設計図書の変更に関して公共工事標準請負契約約款を追加・修正する事項はない。

第31条（検査及び引渡し）

第31条　受注者は、工事を完成したときは、その旨を発注者に通知しなければならない。

2　発注者は、前項の規定による通知を受けたときは、通知を受けた日から14日以内に受注者の立会いの上、設計図書に定めるところにより、工事の完成を確認するための検査を完了し、当該検査の結果を受注者に通知しなければならない。この場合において、発注者は、必要があると認められるときは、その理由を受注者に通知して、工事目的物を最小限度破壊して検査することができる。

3　前項の場合において、検査又は復旧に直接要する費用は、受注者の負担とする。

4　発注者は、第2項の検査によって工事の完成を確認した後、受注者が<u>設計成果物及び</u>工事目的物の引渡しを申し出たときは、直ちに当該<u>設計成果物及び</u>工事目的物の引渡しを受けなければならない。

5　発注者は、受注者が前項の申出を行わないときは、当該<u>設計成果物及び</u>工事目的物の引渡しを請負代金の支払いの完了と同時に行うことを請求することができる。この場合においては、受注者は、当該請求に直ちに応じなければならない。

6　受注者は、工事が第2項の検査に合格しないときは、直ちに修補して発注者の検査を受けなければならない。この場合においては、修補の完了を工事の完成とみなして前5項の規定を適用する。

1．概要

　工事の完成時に設計成果物と工事目的物が同時に検査・引き渡しされることを明確に規定している。

> **第 32 条（請負代金の支払）**
> 第 32 条　受注者は、前条第 2 項（同条第 6 項後段の規定により適用される場合を含む。第 3 項において同じ。）の検査に合格したときは、請負代金の支払いを請求することができる。
> 2　発注者は、前項の規定による請求があったときは、請求を受けた日から 40 日以内に請負代金を支払わなければならない。
> 3　発注者がその責めに帰すべき事由により前条第 2 項の期間内に検査をしないときは、その期限を経過した日から検査をした日までの期間の日数は、前項の期間（以下この項において「約定期間」という。）の日数から差し引くものとする。この場合において、その遅延日数が約定期間の日数を超えるときは、約定期間は、遅延日数が約定期間の日数を超えた日において満了したものとみなす。

1．概要

　本契約約款で請負代金の支払に関して公共工事標準請負契約約款を追加・修正する事項はない。

> **第 33 条（部分使用）**
> 第 33 条　発注者は、第 31 条第 4 項又は第 5 項の規定による引渡し前においても、工事目的物の全部又は一部を受注者の承諾を得て使用することができる。
> 2　前項の場合においては、発注者は、その使用部分を善良な管理者の注意をもって使用しなければならない。
> 3　発注者は、第 1 項の規定により工事目的物の全部又は一部を使用したことによって受注者に損害を及ぼしたときは、必要な費用を負担しなければならない。

1．概要

　契約対象の工事目的物の引き渡し前に、工事目的物の全部又は一部を発注者が使用できる旨を規定したものであり、設計成果物に関しては部分使用の対象から除外している。

2．設計成果物の部分使用

　本条は、受注者から発注者への引き渡し前における使用に関する規定であり、設計成果物に関して発注者が使用する必要が生じることが想定できない点、及び部分使用された設計成果物の内容に問題が生じた場合に設計責任の所在が曖昧となる点を考慮して、設計成果物の部分使用は対象外としている。

第34条（前金払及び中間前金払）

第34条（A） 受注者は、公共工事の前払金保証事業に関する法律（昭和27年法律第184号）第2条第4項に規定する保証事業会社（以下「保証事業会社」）という。）と、契約書記載の工事完成の時期を保証期限とする同条第5項に規定する保証契約（以下「保証契約」という。）を締結し、その保証証書を発注者に寄託して、請負代金額の10分の○（設計に係る前払金は10分の○）以内の前払金の支払いを発注者に請求することができる。

　　［注］　受注者の資金需要に適切に対応する観点から、（A）の使用を推奨する。
　　　　　○の部分には、たとえば、4（括弧書きの部分には、たとえば、3）と記入する。

2　発注者は、前項の規定による請求があったときは、請求を受けた日から14日以内に前払金を支払わなければならない。

3　受注者は、第1項の規定により前払金の支払いを受けた後、保証事業会社と中間前払金に関する保証契約を締結し、その保証証書を発注者に寄託して、請負代金額のうち設計に係わる部分を除いた10分の○以内の中間前払金の支払いを発注者に請求することができる。

　　［注］　○の部分には、たとえば、2と記入する。

4　第2項の規定は、前項の場合について準用する。

5　受注者は、請負代金額が著しく増額された場合においては、その増額後の請負代金額の10分の○（第3項の規定により中間前払金の支払いを受けているときは10分の○、設計に係る部分は10分の○）から受領済みの前払金額（中間前払金の支払いを受けているときは、中間前払金額を含む。次項及び次条において同じ。）を差し引いた額に相当する額の範囲内で前払金（中間前払金の支払いを受けているときは、中間前払金を含む。以下この条から第36条までにおいて同じ。）の支払いを請求することができる。この場合においては、第2項の規定を準用する。

　　［注］　○の部分には、たとえば、4（括弧書きの部分には、たとえば、6及び3）と記入する。

6　受注者は、請負代金額が著しく減額された場合において、受領済みの前払金額が減額後の請負代金額の10分の○（第3項の規定により中間前払金の支払いを受けているときは10分の○、設計に係る部分は10分の○）を超えるときは、受注者は、請負代金額が減額された日から30日以内にその超過額を返還しなければならない。

　　［注］　○の部分には、たとえば、5（括弧書きの部分には、たとえば、6及び4）と記入する。

7　前項の超過額が相当の額に達し、返還することが前払金の使用状況からみて、著しく不適当であると認められるときは、発注者と受注者とが協議して返還すべき超過額を定める。ただし、請負代金額が減額された日から○日以内に協議が整わない場合には、発注者が定め、受注者に通知する。

　　［注］　○の部分には、30未満の数字を記入する。

8　発注者は、受注者が第6項の期間内に超過額を返還しなかったときは、その未返還額につき、同項の期間を経過した日から返還をする日までの期間について、その日数に応じ、年○パーセントの割合で計算した額の遅延利息の支払いを請求することができる。

　　［注］　○の部分には、たとえば、政府契約の支払遅延防止等に関する法律第8条の規定により財務大臣が
　　　　　定める率を記入する。

第34条（B）　受注者は、公共工事の前払金保証事業に関する法律（昭和27年法律第184号）

> 第2条第4項に規定する保証事業会社（以下「保証事業会社」という。）と、契約書記載の工事完成の時期を保証期限とする同条第5項に規定する保証契約（以下「保証契約」という。）を締結し、その保証証書を発注者に寄託して、請負代金額の10分の〇（設計に係る前払金は10分の〇）以内の前払金の支払いを発注者に請求することができる。
>
> 　　［注］　〇の部分には、たとえば、4（括弧書きの部分には、たとえば、3）と記入する。
>
> 2　発注者は、前項の規定による請求があったときは、請求を受けた日から14日以内に前払金を支払わなければならない。
>
> 3　受注者は、請負代金額が著しく増額された場合においては、その増額後の請負代金額の10分の〇（設計に係る部分は10分の〇）から受領済みの前払金額を差し引いた額に相当する額の範囲内で前払金の支払いを請求することができる。この場合においては、前項の規定を準用する。
>
> 　　［注］　〇の部分には、たとえば、4（括弧書きの部分には、たとえば、3）と記入する。
>
> 4　受注者は、請負代金額が著しく減額された場合において、受領済みの前払金額が減額後の請負代金額の10の〇（設計に係る部分は10分の〇）を超えるときは、受注者は、請負代金額が減額された日から30日以内にその超過額を返還しなければならない。
>
> 　　［注］　〇の部分には、たとえば、5（括弧書きの部分には、たとえば、4）と記入する。
>
> 5　前項の超過額が相当の額に達し、返還することが前払金の使用状況からみて著しく不適当であると認められるときは、発注者と受注者が協議して返還すべき超過額を定める。ただし、請負代金額が減額された日から〇日以内に協議が整わない場合には、発注者が定め、受注者に通知する。
>
> 　　［注］　〇の部分には、30未満の数字を記入する。
>
> 6　発注者は、受注者が第4項の期間内に超過額を返還しなかったときは、その未返還額につき、同項の期間を経過した日から返還をする日までの期間について、その日数に応じ、年〇パーセントの割合で計算した額の遅延利息の支払いを請求することができる。
>
> 　　［注］　〇の部分には、たとえば、政府契約の支払遅延防止等に関する法律第8条の規定により財務大臣が
> 　　　　　定める率を記入する。

1．概要

　本条は、設計費を含む請負代金の前払金の支払いに関して規定している。

2．設計に係わる前払金

　設計費に関しても工事費と同様に、公共土木設計業務等標準委託契約約款第34条（前払金）において前金払が規定されており、この規定に準拠して設計費の前金払を規定している。

　設計費に関する割合を別途規定しているが、これは例えば国土交通省の土木設計業務等委託契約書第34条（前金払）においては、前払金の上限を業務委託料の10分の3と規定し、工事請負契約書第34条（前金払）においては、前払金の上限を工事費の10分の4と規定し、異なる割合を設定しているためである。

> **第 35 条（保証契約の変更）**
> 第 35 条　受注者は、前条第○項の規定により受領済みの前払金に追加してさらに前払金の支払いを請求する場合には、あらかじめ、保証契約を変更し、変更後の保証証書を発注者に寄託しなければならない。
> 　［注］　○の部分には、第 34 条（A）を使用する場合は 5 と、第 34 条（B）を使用する場合は 3 と記入する。
> 2　受注者は、前項に定める場合のほか、請負代金額が減額された場合において、保証契約を変更したときは、変更後の保証証書を直ちに発注者に寄託しなければならない。
> 3　受注者は、前払金額の変更を伴わない工期の変更が行われた場合には、発注者に代わりその旨を保証事業会社に直ちに通知するものとする。
> 　［注］　第 3 項は、発注者が保証事業会社に対する工期変更の通知を受注者に代理させる場合に使用する。

1．概要

　本契約約款で保証契約の変更に関して公共工事標準請負契約約款を追加・修正する事項はない。

> **第 36 条（前払金の使用等）**
> 第 36 条　受注者は、前払金をこの工事の材料費、労務費、<u>外注費（設計に係る部分に限る。）</u>、機械器具の賃借料<u>（施工に係る部分に限る。）</u>、機械購入費（この工事において償却される割合に相当する額に限る。）、動力費、支払運賃、修繕費<u>（施工に係る部分に限る。）</u>、仮設費<u>（施工に係る部分に限る。）</u>、労働者災害補償保険料<u>（施工に係る部分に限る。）</u>及び保証料に相当する額として必要な経費以外の支払いに充当してはならない。

1．概要

　前払金の使途に関して、設計に係わる事項を追加規定している。前払金の使途について予決令臨時特例で財務大臣と協議をすることとされ、協議の結果、設計と施工のそれぞれについて、本条の規定による範囲が定められている（地方自治体については地方自治法施行規則附則）。

第 37 条（部分払）

第 37 条　受注者は、工事の完成前に、設計を完了した部分又は施工の出来形部分並びに工事現場に搬入済みの工事材料［及び製造工場等にある工場製品］（第 13 条第 2 項の規定により監督員の検査を要するものにあっては当該検査に合格したもの、監督員の検査を要しないものにあっては設計図書で部分払の対象とすることを指定したものに限る。）に相応する請負代金相当額の 10 分の○以内の額について、次項から第 7 項までに定めるところにより部分払を請求することができる。ただし、この請求は、工期中○回を超えることができない。

　　［注］　部分払の対象とすべき工場製品がないときは、［　］の部分を削除する。
　　　　　「10 分の○」の○の部分には、たとえば、9 と記入する。「○回」の○の部分には、工期及び請負代金額を勘案して妥当と認められる数字を記入する。

2　受注者は、部分払を請求しようとするときは、あらかじめ、当該請求に係る設計を完了した部分、施工の出来形部分又は工事現場に搬入済みの工事材料［若しくは製造工場等にある工場製品］の確認を発注者に請求しなければならない。

　　［注］　部分払の対象とすべき工場製品がないときは、［　］の部分を削除する。

3　発注者は、前項の場合において、当該請求を受けた日から 14 日以内に、受注者の立会いの上、設計図書に定めるところにより、同項の確認をするための検査を行い、当該確認の結果を受注者に通知しなければならない。この場合において、発注者は、必要があると認められるときは、その理由を受注者に通知して、出来形部分を最小限度破壊して検査することができる。

4　前項の場合において、検査又は復旧に直接要する費用は、受注者の負担とする。

5　受注者は、第 3 項の規定による確認があったときは、部分払を請求することができる。この場合においては、発注者は、当該請求を受けた日から 14 日以内に部分払金を支払わなければならない。

6　部分払金の額は、次の式により算定する。この場合において第 1 項の請負代金相当額は、単価合意書の記載事項により定め、単価合意書の記載事項により定めることが不適当な場合には、発注者と受注者とが協議して定める。ただし、発注者が第 3 項前段の通知をした日から○日以内に協議が整わない場合には、発注者が定め、受注者に通知する。

部分払金の額≦第 1 項の請負代金相当額×（○／10－前払金額／請負代金額）

　　［注］　「○日」の○の部分には、14 未満の数字を記入する。「○／10」の○の部分には、第 1 項の「10 分の○」の○の部分と同じ数字を記入する。

7　第 5 項の規定により部分払金の支払いがあった後、再度部分払の請求をする場合においては、第 1 項及び前項中「請負代金相当額」とあるのは「請負代金相当額から既に部分払の対象となった請負代金相当額を控除した額」とするものとする。

1．概要

　「総価契約単価合意方式の実施について（平成 23 年 9 月 14 日付け国地契第 30 号、国官技第 183 号、国北予第 20 号）」に準拠し、第 6 項を変更した。また、施工の出来形部分に加えて、設計の完了部分も部分払いの対象となることを規定している。

2．部分払金の額の算定
　　第3条（請負代金内訳書及び工程表）第4項において、内訳書に基づいた単価合意書の締結を規定しており、第6項では、この単価合意書に基づいて部分払金の額の算定を行うこととしている。

> **第 38 条（部分引渡し）**
> 第 38 条　設計成果物及び工事目的物について、発注者が設計図書において工事の完成に先だって引渡しを受けるべきことを指定した部分（以下「指定部分」という。）がある場合において、当該指定部分の工事が完了したときについては、第 31 条中「工事」とあるのは「指定部分に係る工事」と、「設計成果物及び工事目的物」とあるのは「指定部分に係る設計成果物及び工事目的物」と、同条第 5 項及び第 32 条中「請負代金」とあるのは「部分引渡しに係る請負代金」と読み替えて、これらの規定を準用する。
> 2　前項の規定により準用される第 32 条第 1 項の規定により請求することができる部分引渡しに係る請負代金の額は、次の式により算定する。この場合において、指定部分に相応する請負代金の額は、単価合意書の記載事項により定め、単価合意書の記載事項により算定することが不適当な場合には、発注者と受注者とが協議して定める。ただし、発注者が前項の規定により準用される第 31 条第 2 項の検査の結果の通知をした日から〇日以内に協議が整わない場合には、発注者が定め、受注者に通知する。
>
> 　　部分引渡しに係る請負代金の額＝指定部分に相応する請負代金の額
> 　　　　　　　　　　　　　　　　　　　　×（1－前払金額／請負代金額）
>
> ［注］　〇の部分には、工期及び請負代金額を勘案して十分な協議が行えるように留意して数字を記入する。

1．概要

「総価契約単価合意方式の実施について（平成 23 年 9 月 14 日付け国地契第 30 号、国官技第 183 号、国北予第 20 号）」に準拠し、第 2 項を変更した。また、設計成果物も設計図書において指定した場合には、発注者が、工事目的物とともに部分引渡しを受けることができることを規定している。ただし、設計成果物の部分引渡しは「設計成果物及び工事目的物」とすることで工事目的物の部分引渡しに伴うものとして位置づけており、設計成果物単独の部分引渡しは規定していない。

2．部分引渡しに係わる設計費

指定部分の設計費について、単価合意書に内訳が示されていない場合、第 2 項により、受発注者が協議して定めることとなる。協議により両者が合意に至らない場合は、発注者が定め、受注者に通知する。

第39条（債務負担行為に係る契約の特則）

第39条　債務負担行為に係る契約において、各会計年度における請負代金の支払いの限度額(以下「支払限度額」という。) は、次のとおりとする。

　　　　　年　度　　　　　　　円
　　　　　年　度　　　　　　　円
　　　　　年　度　　　　　　　円

2　支払限度額に対応する各会計年度の出来高予定額は、次のとおりである。

　　　　　年　度　　　　　　　円
　　　　　年　度　　　　　　　円
　　　　　年　度　　　　　　　円

3　発注者は、予算上の都合その他の必要があるときは、第1項の支払限度額及び前項の出来高予定額を変更することができる。

1．概要

　本契約約款で債務負担行為に係る契約の特則に関して公共工事標準請負契約約款を追加・修正する事項はない。

> **第40条（債務負担行為に係る契約の前金払［及び中間前金払］の特則）**
> 第40条　債務負担行為に係る契約の前金払［及び中間前金払］については、第34条中「契約書記載の工事完成の時期」とあるのは「契約書記載の工事完成の時期（最終の会計年度以外の会計年度にあっては、各会計年度末）」と、同条及び第35条中「請負代金額」とあるのは「当該会計年度の出来高予定額（前会計年度末における第37条第1項の請負代金相当額（以下この条及び次条において「請負代金相当額」という。）が前会計年度までの出来高予定額を超えた場合において、当該会計年度の当初に部分払をしたときは、当該超過額を控除した額）」と読み替えて、これらの規定を準用する。ただし、この契約を締結した会計年度（以下「契約会計年度」という。）以外の会計年度においては、受注者は、予算の執行が可能となる時期以前に前払金［及び中間前払金］の支払いを請求することはできない。
> 2　前項の場合において、契約会計年度について前払金［及び中間前払金］を支払わない旨が設計図書<u>（設計成果物を除く。）</u>に定められているときには、同項の規定により準用される第34条第1項［及び第3項］の規定にかかわらず、受注者は、契約会計年度について前払金［及び中間前払金］の支払いを請求することができない。
> 3　第1項の場合において、契約会計年度に翌会計年度分の前払金［及び中間前払金］を含めて支払う旨が設計図書<u>（設計成果物を除く。）</u>に定められているときには、同項の規定により準用される第34条第1項の規定にかかわらず、受注者は、契約会計年度に翌会計年度に支払うべき前払金相当分［及び中間前払金相当分］（　　　　円以内）を含めて前払金［及び中間前払金］の支払いを請求することができる。
> 4　第1項の場合において、前会計年度末における請負代金相当額が前会計年度までの出来高予定額に達しないときには、同項の規定により準用される第34条第1項の規定にかかわらず、受注者は、請負代金相当額が前会計年度までの出来高予定額に達するまで当該会計年度の前払金［及び中間前払金］の支払いを請求することができない。
> 5　第1項の場合において、前会計年度末における請負代金相当額が前会計年度までの出来高予定額に達しないときには、その額が当該出来高予定額に達するまで前払金［及び中間前払金］の保証期限を延長するものとする。この場合においては、第35条第3項の規定を準用する。
> ［注］　［　］の部分は、第34条（B）を使用する場合には削除する。

1．概要

債務負担行為に係る契約の前金払［及び中間前金払］の特則に関して、第2項及び第3項で設計図書が設計成果物を含まないことを明示している。

第41条（債務負担行為に係る契約の部分払の特則）

第41条　債務負担行為に係る契約において、前会計年度末における請負代金相当額が前会計年度までの出来高予定額を超えた場合においては、受注者は、当該会計年度の当初に当該超過額（以下「出来高超過額」という。）について部分払を請求することができる。ただし、契約会計年度以外の会計年度においては、受注者は、予算の執行が可能となる時期以前に部分払の支払いを請求することはできない。

2　この契約において、前払金［及び中間前払金］の支払いを受けている場合の部分払金の額については、第37条第6項及び第7項の規定にかかわらず、次の式により算定する。

　［注］　［　］の部分は、第34条（B）を使用する場合には削除する。

（a）　部分払金の額≦請負代金相当額×〇／10－前会計年度までの支払金額－（請負代金相当額－前会計年度までの出来高予定額）×（当該会計年度前払金額＋当該会計年度の中間前払金額）／当該会計年度の出来高予定額

　［注］　（a）は、中間前払金を選択した場合に使用する。
　　　　〇の部分には、第37条第1項の「10分の〇」の〇の部分と同じ数字を記入する。

（b）　部分払金の額≦請負代金相当額×〇／10－（前会計年度までの支払金額＋当該会計年度の部分払金額）－｛請負代金相当額－（前会計年度までの出来高予定額＋出来高超過額）｝×当該会計年度前払金額／当該会計年度の出来高予定額

　［注］　〇の部分には、第37条第1項の「10分の〇」の〇の部分と同じ数字を記入する。

3　各会計年度において、部分払を請求できる回数は、次のとおりとする。

年　度	回
年　度	回
年　度	回

1．概要

本契約約款で債務負担行為に係る契約の部分払の特則に関して公共工事標準請負契約約款を追加・修正する事項はない。

> **第 42 条（第三者による代理受領）**
> 第 42 条　受注者は、発注者の承諾を得て請負代金の全部又は一部の受領につき、第三者を代理人とすることができる。
> 2　発注者は、前項の規定により受注者が第三者を代理人とした場合において、受注者の提出する支払請求書に当該第三者が受注者の代理人である旨の明記がなされているときは、当該第三者に対して第 32 条（第 38 条において準用する場合を含む。）又は第 37 条の規定に基づく支払いをしなければならない。

1．概要

　本契約約款で第三者による代理受領に関して公共工事標準請負契約約款を追加・修正する事項はない。

> **第 43 条（前払金等の不払に対する工事中止）**
> 第 43 条　受注者は、発注者が第 34 条、第 37 条又は第 38 条において準用される第 32 条の規定に基づく支払いを遅延し、相当の期間を定めてその支払いを請求したにもかかわらず支払いをしないときは、工事の全部又は一部の実施を一時中止することができる。この場合においては、受注者は、その理由を明示した書面により、直ちにその旨を発注者に通知しなければならない。
> 2　発注者は、前項の規定により受注者が工事の実施を中止した場合において、必要があると認められるときは工期若しくは請負代金額を変更し、又は受注者が工事の続行に備え工事現場を維持し若しくは労働者、建設機械器具等を保持するための費用その他の工事の実施の一時中止に伴う増加費用を必要とし若しくは受注者に損害を及ぼしたときは必要な費用を負担しなければならない。

1．概要

　前払金等の不払が生じた場合に、「工事の全部又は一部」を一時中止できることを規定しているため、施工だけだけでなく設計も一時中止できることとなる。

第44条（瑕疵担保）

第44条　発注者は、設計成果物又は工事目的物に瑕疵があるときは、受注者に対して相当の期間を定めてその瑕疵の修補を請求し、又は修補に代え若しくは修補とともに損害の賠償を請求することができる。ただし、瑕疵が重要ではなく、かつ、その修補に過分の費用を要するときは、発注者は、修補を請求することができない。

2　前項の規定による瑕疵の修補又は損害賠償の請求は、第31条第4項又は第5項（第38条においてこれらの規定を準用する場合を含む。）の規定による工事目的物の引渡しを受けた日から〇年以内に行わなければならない。ただし、その瑕疵が受注者の故意又は重大な過失により生じた場合には、当該請求を行うことのできる期間は〇年とする。

　［注］　本文の〇の部分には、原則として、2を記入する。ただし書の〇の部分には、たとえば、10と記入する。

3　発注者は、設計成果物又は工事目的物の引渡しの際に瑕疵があることを知ったときは、第1項の規定にかかわらず、その旨を直ちに受注者に通知しなければ、当該瑕疵の修補又は損害賠償の請求をすることはできない。ただし、受注者がその瑕疵があることを知っていたときは、この限りでない。

4　発注者は、工事目的物が第1項の瑕疵により滅失又はき損したときは、第2項に定める期間内で、かつ、その滅失又はき損の日から6月以内に第1項の権利を行使しなければならない。

5　第1項の規定は、設計成果物又は工事目的物の瑕疵が設計図書（設計成果物を除く。）の記載内容、支給材料の性質、貸与品の性状又は発注者若しくは監督員の指図により生じたものであるときは適用しない。ただし、受注者がその設計図書（設計成果物を除く。）の記載、材料、貸与品又は指図の不適当であることを知りながらこれを通知しなかったときは、この限りでない。

1．概要

　工事目的物に加えて、設計成果物に瑕疵がある場合に発注者が受注者に対して修補及び損害賠償の請求が行えることを規定している。

2．修補及び損害賠償の請求

　設計・施工一括発注方式においては、工事目的物に限らず設計成果物に瑕疵が存在する可能性もあることから、発注者が受注者に対し、それぞれについて修補及び損害賠償の請求が行えることを規定している。

3．瑕疵担保期間の起算日

　設計・施工一括発注方式において、設計成果物と工事目的物の完成時点が同一ではなく、設計成果物に関する瑕疵担保期間の起算日が問題となる可能性がある。

　本契約約款においては工事目的物の完成・引渡しをもって契約の完了となることから、設計成果物を含めて瑕疵担保の起算日は工事目的物の引渡しを受けた日からとしている。

第45条（履行遅滞の場合における損害金等）

第45条　受注者の責めに帰すべき事由により工期内に工事を完成することができない場合においては、発注者は、損害金の支払いを受注者に請求することができる。

2（A）　前項の損害金の額は、請負代金額から出来形部分に相応する請負代金額を控除した額につき、遅延日数に応じ、年〇パーセントの割合で計算した額とする。

　［注］　〇の部分には、たとえば、政府契約の支払遅延防止等に関する法律第8条の規定により財務大臣が定める率を記入する。

2（B）　前項の損害金の額は、請負代金額から部分引渡しを受けた部分に相応する請負代金額を控除した額につき、遅延日数に応じ、年〇パーセントの割合で計算した額とする。

　［注］　（B）は、発注者が工事の遅延による著しい損害を受けることがあらかじめ予想される場合に使用する。

　　　　〇の部分には、たとえば、政府契約の支払遅延防止等に関する法律第8条の規定により財務大臣が定める率を記入する。

3　発注者の責めに帰すべき事由により、第32条第2項（第38条において準用する場合を含む。）の規定による請負代金の支払いが遅れた場合においては、受注者は、未受領金額につき、遅延日数に応じ、年〇パーセントの割合で計算した額の遅延利息の支払いを発注者に請求することができる。

　［注］　〇の部分には、たとえば、政府契約の支払遅延防止等に関する法律第8条の規定により財務大臣が定める率を記入する。

1．概要

　本契約約款で履行遅滞の場合における損害金等に関して公共工事標準請負契約約款を追加・修正する事項はない。

　なお、工期内に工事を完成することができない場合とは、設計を完了できない場合も含んでいる。

第46条（公共工事履行保証証券による保証の請求）

第46条　第4条第1項の規定によりこの契約による債務の履行を保証する公共工事履行保証証券による保証が付された場合において、受注者が次条第1項各号のいずれかに該当するときは、発注者は、当該公共工事履行保証証券の規定に基づき、保証人に対して、他の建設業者を選定し、工事を完成させるよう請求することができる。

2　受注者は、前項の規定により保証人が選定し発注者が適当と認めた建設業者（以下この条において「代替履行業者」という。）から発注者に対して、この契約に基づく次の各号に定める受注者の権利及び義務を承継する旨の通知が行われた場合には、代替履行業者に対して当該権利及び義務を承継させる。

　　一　請負代金債権（前払金［若しくは中間前払金］、部分払金又は部分引渡しに係る請負代金として受注者に既に支払われたものを除く。）
　　二　工事完成債務
　　三　瑕疵担保債務（受注者が施工した出来形部分の瑕疵に係るものを除く。）
　　四　解除権
　　五　その他この契約に係る一切の権利及び義務（第28条の規定により受注者が施工した工事に関して生じた第三者への損害賠償債務を除く。）

　［注］　［　］の部分は、第34条(B)を使用する場合には削除する。

3　発注者は、前項の通知を代替履行業者から受けた場合には、代替履行業者が同項各号に規定する受注者の権利及び義務を承継することを承諾する。

4　第1項の規定による発注者の請求があった場合において、当該公共工事履行保証証券の規定に基づき、保証人から保証金が支払われたときには、この契約に基づいて発注者に対して受注者が負担する損害賠償債務その他の費用の負担に係る債務（当該保証金の支払われた後に生じる違約金等を含む。）は、当該保証金の額を限度として、消滅する。

1．概要

　本契約約款で公共工事履行保証証券による保証の請求に関して公共工事標準請負契約約款を追加・修正する事項はない。

4．逐条解説

第47条（発注者の解除権）
第47条　発注者は、受注者が次の各号のいずれかに該当するときは、この契約を解除することができる。
　一　正当な理由なく、工事に着手すべき期日を過ぎても工事に着手しないとき。
　二　その責めに帰すべき事由により工期内に完成しないとき又は工期経過後相当の期間内に工事を完成する見込みが明らかにないと認められるとき。
　三　第10条第1項第2号、第10条の2及び3に掲げる者を設置しなかったとき。
　四　前3号に掲げる場合のほか、この契約に違反し、その違反によりこの契約の目的を達することができないと認められるとき。
　五　第49条第1項の規定によらないでこの契約の解除を申し出たとき。
　六　受注者（受注者が共同企業体であるときは、その構成員のいずれかの者。以下この号において同じ。）が次のいずれかに該当するとき。
　　イ　役員等（受注者が個人である場合にはその者を、受注者が法人である場合にはその役員又はその支店若しくは常時建設工事の請負契約を締結する事務所の代表者をいう。以下この号において同じ。）が暴力団員による不当な行為の防止等に関する法律（平成3年法律第77号。以下「暴力団対策法」という。）第2条第6号に規定する暴力団員（以下この号において「暴力団員」という。）であると認められるとき。
　　ロ　暴力団（暴力団対策法第2条第2号に規定する暴力団をいう。以下この号において同じ。）又は暴力団員が経営に実質的に関与していると認められるとき。
　　ハ　役員等が自己、自社若しくは第三者の不正の利益を図る目的又は第三者に損害を加える目的をもって、暴力団又は暴力団員を利用するなどしたと認められるとき。
　　ニ　役員等が、暴力団又は暴力団員に対して資金等を供給し、又は便宜を供与するなど直接的あるいは積極的に暴力団の維持、運営に協力し、若しくは関与していると認められるとき。
　　ホ　役員等が暴力団又は暴力団員と社会的に非難されるべき関係を有していると認められるとき。
　　ヘ　下請契約（設計の委託契約を含む。）又は資材、原材料の購入契約その他の契約にあたり、その相手方がイからホまでのいずれかに該当することを知りながら、当該者と契約を締結したと認められるとき。
　　ト　受注者が、イからホまでのいずれかに該当する者を下請契約（設計の委託契約を含む。）又は資材、原材料の購入契約その他の契約の相手方としていた場合（ヘに該当する場合を除く。）に、発注者が受注者に対して当該契約の解除を求め、受注者がこれに従わなかったとき。
2　前項の規定によりこの契約が解除された場合においては、受注者は、請負代金額の10分の○に相当する額を違約金として発注者の指定する期間内に支払わなければならない。
　［注］　○の部分には、たとえば、1と記入する。
3　第1項第1号から第5号までの規定により、この契約が解除された場合において、第4条

> の規定により契約保証金の納付又はこれに代わる担保の提供が行われているときは、発注者は、当該契約保証金又は担保をもって前項の違約金に充当することができる。
> ［注］　第3項は、第4条（A）を使用する場合に使用する。

1．概要

発注者が契約を解除できる事由を規定している条項であり、設計に係わる解除事由を追加規定している。

2．設計に係わる解除事由

発注者が契約解除できる設計に係わる事由として、以下の事項を挙げている。

①着手すべき期日を過ぎても設計に着手しない。（「工事に着手しない」とは、施工だけでなく設計の着手も含まれる。）（第1項第1号）

②第10条の2及び3に掲げる者（管理技術者及び設計主任技術者）を配置しない。（第1項第3号）

③第1項第1号イからホに該当する相手方と知りながら設計に係わる下請契約・委託契約を行った。（第1項第6号ヘ及びト）

> **第 48 条**
> 第 48 条　発注者は、工事が完成するまでの間は、前条第 1 項の規定によるほか、必要があるときは、この契約を解除することができる。
> 2　発注者は、前項の規定によりこの契約を解除したことにより受注者に損害を及ぼしたときは、その損害を賠償しなければならない。

1．概要

　本契約約款で第 48 条に関して公共工事標準請負契約約款を追加・修正する事項はない。

第49条（受注者の解除権）

第49条　受注者は、次の各号のいずれかに該当するときは、この契約を解除することができる。

　一　第19条の規定により設計図書<u>（設計成果物を除く。）</u>を変更したため請負代金額が3分の2以上減少したとき。

　二　第20条の規定による工事の中止期間が工期の10分の○（工期の10分の○が○月を超えるときは、○月）を超えたとき。ただし、中止が工事の一部のみの場合は、その一部を除いた他の部分の工事が完了した後○月を経過しても、なおその中止が解除されないとき。

　三　発注者がこの契約に違反し、その違反によってこの契約の履行が不可能となったとき。

2　受注者は、前項の規定によりこの契約を解除した場合において、損害があるときは、その損害の賠償を発注者に請求することができる。

１．概要

受注者が契約を解除できる事由を規定している条項である。また、第1項第1号の設計図書が設計成果物を含まないことを明示している。

２．設計に係わる解除事由

設計に関しても、工事（設計と施工を含む。）係わる解除事由により請求権を設定することで不都合はないことから、設計に係わる独立した解除事由を規定していない。

> **第 49 条の 2（解除の効果）**
> 第 49 条の 2　施工着手前に、契約が解除された場合には、第 1 条第 3 項に規定する発注者及び受注者の義務は消滅する。ただし、第 38 条に規定する部分引渡しに係る部分については、この限りではない。
> 2　発注者は、前項の規定にかかわらず、この契約が解除された場合において、設計の既履行部分の引渡しを受ける必要があると認めたときは、既履行部分を検査の上、当該検査に合格した部分の引渡しを受けることができる。この場合において、発注者は、当該引渡しを受けた既履行部分に相応する設計費（以下「既履行部分設計費」という。）を受注者に支払わなければならない。
> 3　前項に規定する既履行部分設計費は、発注者と受注者とが協議して定める。ただし、協議開始の日から〇日以内に協議が整わない場合には、発注者が定め、受注者に通知する。

　1．概要

　施工の着手前において契約が解除された場合には、設計成果物及び工事目的物の引渡し義務と請負代金額の支払い義務が消滅することを規定している。また、設計に関する既履行部分の扱い等についても規定している。

　2．設計段階における契約解除の効果

　設計段階における契約解除の効果について、公共土木設計業務等標準委託契約約款第 43 条（解除の効果）に準拠して追加したものであり、第 2 項で設計に関する既履行部分の扱いを規定している。

　設計の既履行部分として発注者が必要と認めた場合には費用を支払った上で引渡しを請求できるが、必要としない場合には発注者には履行部分に対する支払い義務はない。

第 50 条（解除に伴う措置）

第 50 条　発注者は、この契約が解除された場合においては、<u>施工の</u>出来形部分を検査の上、当該検査に合格した部分及び部分払の対象となった工事材料の引渡しを受けるものとし、当該引渡しを受けたときは、当該引渡しを受けた出来形部分に相応する請負代金を受注者に支払わなければならない。この場合において、発注者は、必要があると認められるときは、その理由を受注者に通知して、出来形部分を最小限度破壊して検査することができる。

2　前項の場合において、検査又は復旧に直接要する費用は、受注者の負担とする。

3　第1項の場合において、第34条（第40条において準用する場合を含む。）の規定による前払金［又は中間前払金］があったときは、当該前払金［及び中間前払金］の額（第37条及び第41条の規定による部分払をしているときは、その部分払において償却した前払金［及び中間前払金］の額を控除した額）を同項前段の出来形部分に相応する請負代金額から控除する。この場合において、受領済みの前払金額［及び中間前払金の額］になお余剰があるときは、受注者は、解除が第47条の規定によるときにあっては、その余剰額に前払金［又は中間前払金］の支払いの日から返還の日までの日数に応じ年〇パーセントの割合で計算した額の利息を付した額を、解除が第48条又は第49条の規定によるときにあっては、その余剰額を発注者に返還しなければならない。

　　［注］　［　］の部分は、第34条（B）を使用する場合には削除する。

　　　　　〇の部分には、たとえば、政府契約の支払遅延防止等に関する法律第8条の規定により財務大臣が定める率を記入する。

4　受注者は、この契約が解除された場合において、支給材料があるときは、第1項の出来形部分の検査に合格した部分に使用されているものを除き、発注者に返還しなければならない。この場合において、当該支給材料が受注者の故意若しくは過失により滅失若しくはき損したとき、又は出来形部分の検査に合格しなかった部分に使用されているときは、代品を納め、若しくは原状に復して返還し、又は返還に代えてその損害を賠償しなければならない。

5　受注者は、この契約が解除された場合において、貸与品があるときは、当該貸与品を発注者に返還しなければならない。この場合において、当該貸与品が受注者の故意又は過失により滅失又はき損したときは、代品を納め、若しくは原状に復して返還し、又は返還に代えてその損害を賠償しなければならない。

6　受注者は、この契約が解除された場合において、工事用地等に受注者が所有又は管理する<u>設計の出来形部分（第38条第1項に規定する部分引渡しに係る部分及び前条第2項に規定する検査に合格した既履行部分を除く。）、調査機械器具、</u>工事材料、建設機械器具、仮設物その他の物件（下請負人の所有又は管理するこれらの物件を含む。）があるときは、受注者は、当該物件を撤去するとともに、工事用地等を修復し、取り片付けて、発注者に明け渡さなければならない。

7　前項の場合において、受注者が正当な理由なく、相当の期間内に当該物件を撤去せず、又は工事用地等の修復若しくは取片付けを行わないときは、発注者は、受注者に代わって当該物件を処分し、工事用地等を修復若しくは取片付けを行うことができる。この場合においては、受注者は、発注者の処分又は修復若しくは取片付けについて異議を申し出ることができず、ま

た、発注者の処分又は修復若しくは取片付けに要した費用を負担しなければならない。

8　第4項前段及び第5項前段に規定する受注者のとるべき措置の期限、方法等については、この契約の解除が第47条の規定によるときは発注者が定め、第48条又は第49条の規定によるときは受注者が発注者の意見を聴いて定めるものとし、第4項後段、第5項後段及び第6項に規定する受注者のとるべき措置の期限、方法等については、発注者が受注者の意見を聴いて定めるものとする。

9　この契約が解除された場合において、設計に関して第34条（第38条第1項において準用する場合を含む。）の規定による前払金［又は中間前払金］があったときは、受注者は、第47条の規定による解除にあっては、当該前払金の額［及び中間前払金の額］（第38条第1項の規定により部分引渡しをしているときは、その部分引渡しにおいて償却した前払金の額［及び中間前払金の額］を控除した額）に当該前払金［又は中間前払金］の支払いの日から返還の日までの日数に応じ年〇パーセントの割合で計算した額の利息を付した額を、第48条又は第49条の規定による解除にあっては、当該前払金の額［及び中間前払金の額］を発注者に返還しなければならない。

　　［注］　［　］の部分は、第34条（B）を使用する場合には削除する。
　　　　　　〇の部分には、たとえば、政府契約の支払遅延防止等に関する法律第8条の規定により財務大臣が定める率を記入する。

10　前項の規定にかかわらず、この契約が解除され、かつ、第49条の2第2項の規定により既履行部分の引渡しが行われる場合において、第34条（第38条第1項において準用する場合を含む。）の規定による前払金［又は中間前払金］があったときは、発注者は、当該前払金の額［及び中間前払金の額］（第38条第1項の規定による部分引渡しがあった場合は、その部分引渡しにおいて償却した前払金の額［及び中間前払金の額］を控除した額）を前条第3項の規定により定められた既履行部分委託料から控除する。この場合において、受領済みの前払金［及び中間前払金］になお余剰があるときは、受注者は、第42条の規定による解除にあっては、当該余剰額に前払金［又は中間前払金］の支払いの日から返還の日までの日数に応じ年〇パーセントの割合で計算した額の利息を付した額を、第48条又は第49条の規定による解除にあっては、当該余剰額を発注者に返還しなければならない。

　　［注］　［　］の部分は、第34条（B）を使用する場合には削除する。
　　　　　　〇の部分には、たとえば、政府契約の支払遅延防止等に関する法律第8条の規定により財務大臣が定める率を記入する。

1．概要

施工開始後に契約が解除された場合に関して、公共土木設計業務等標準委託契約約款第44条（解除に伴う措置）に準拠して、設計に係わる事項について追加規定をしている。

2．調査機械器具等の撤去

　契約が解除された場合に、受注者には原状回復義務が生ずることから設計に係わる事項として、第6項で工事用地等に受注者が所有又は管理する設計の出来形部分（第38条に規定する部分引渡しに係る部分及び第37条第2項に規定する検査に合格した既履行部分を除く。）及び調査機械器具を撤去しなければならない旨を規定している。

3．前払金の返還

　設計に係わる費用で前払金が支払われている場合、発注者が部分引渡しを受けている設計部分の設計費相当額（第9項）及び引渡しを受ける必要があると認めた設計部分の設計費相当額（第10項）を除き、受注者は支払われた前払金を返還する必要がある旨を規定している。

第51条（火災保険等）

第51条　受注者は、工事目的物及び工事材料（支給材料を含む。以下この条において同じ。）等を設計図書（設計成果物を除く。）に定めるところにより火災保険、建設工事保険その他の保険（これに準ずるものを含む。以下この条において同じ。）に付さなければならない。

2　受注者は、前項の規定により保険契約を締結したときは、その証券又はこれに代わるものを直ちに発注者に提示しなければならない。

3　受注者は、工事目的物及び工事材料等を第1項の規定による保険以外の保険に付したときは、直ちにその旨を発注者に通知しなければならない。

1．概要

　設計図書（設計成果物を除く。）に従い工事目的物及び工事材料等を火災保険、建設工事保険その他の保険に付さなければならないことを規定しており、設計に関しても土木設計業務等標準委託契約約款第45条（保険）と同様の扱いとしている。

第52条（あっせん又は調停）

第52条（A） この約款の各条項において発注者と受注者とが協議して定めるものにつき協議が整わなかったときに発注者が定めたものに受注者が不服がある場合その他この契約に関して発注者と受注者との間に紛争を生じた場合には、発注者及び受注者は、契約書記載の調停人のあっせん又は調停によりその解決を図る。この場合において、紛争の処理に要する費用については、発注者と受注者とが協議して特別の定めをしたものを除き、発注者と受注者とがそれぞれ負担する。

2　発注者及び受注者は、前項の調停人があっせん又は調停を打ち切ったときは、建設業法による[　]建設工事紛争審査会（以下「審査会」という。）のあっせん又は調停によりその解決を図る。

　［注］　[　]の部分には、「中央」の字句又は都道府県の名称を記入する。

3　第1項の規定にかかわらず、現場代理人の職務の執行に関する紛争、<u>管理技術者、設計主任技術者、照査技術者、</u>主任技術者（監理技術者）、専門技術者その他受注者が工事を実施するために使用している下請負人、<u>［設計受託者、］</u>労働者等の工事の<u>実施</u>又は管理に関する紛争及び監督員の職務の執行に関する紛争については、第12条第<u>4</u>項の規定により受注者が決定を行った後若しくは同条第<u>6</u>項の規定により発注者が決定を行った後、又は発注者若しくは受注者が決定を行わずに同条第<u>4</u>項若しくは第<u>6</u>項の期間が経過した後でなければ、発注者及び受注者は、第1項のあっせん又は調停を請求することができない。

　［注］　[　]の部分は、受注者が設計を自ら行う予定として入札に参加した場合には、削除する。

4　発注者又は受注者は、申し出により、この約款の各条項の規定により行う発注者と受注者との間の協議に第1項の調停人を立ち会わせ、当該協議が円滑に整うよう必要な助言又は意見を求めることができる。この場合における必要な費用の負担については、同項後段の規定を準用する。

5　前項の規定により調停人の立会いのもとで行われた協議が整わなかったときに発注者が定めたものに受注者が不服がある場合で、発注者又は受注者の一方又は双方が第1項の調停人のあっせん又は調停により紛争を解決する見込みがないと認めたときは、同項の規定にかかわらず、発注者及び受注者は、審査会のあっせん又は調停によりその解決を図る。

　［注］　第4項及び第5項は、調停人を協議に参加させない場合には、削除する。

第52条（B） この約款の各条項において発注者と受注者とが協議して定めるものにつき協議が整わなかったときに発注者が定めたものに受注者が不服がある場合その他この契約に関して発注者と受注者との間に紛争を生じた場合には、発注者及び受注者は、建設業法による[　]建設工事紛争審査会（以下次条において「審査会」という。）のあっせん又は調停によりその解決を図る。

　［注］　（B）は、あらかじめ調停人を選任せず、建設業法による建設工事紛争審査会により紛争の解決を図る場合に使用する。

　　　　[　]の部分には、「中央」の字句又は都道府県の名称を記入する。

2　前項の規定にかかわらず、現場代理人の職務の執行に関する紛争、<u>管理技術者、設計主任</u>

> <u>技術者、照査技術者、</u>主任技術者（監理技術者）、専門技術者その他受注者が工事を実施するために使用している下請負人、［設計受託者、］労働者等の工事の<u>実施</u>又は管理に関する紛争及び監督員の職務の執行に関する紛争については、第12条第 <u>4</u> 項の規定により受注者が決定を行った後若しくは同条第 <u>6</u> 項の規定により発注者が決定を行った後、又は発注者若しくは受注者が決定を行わずに同条第 <u>4</u> 項若しくは第 <u>6</u> 項の期間が経過した後でなければ、発注者及び受注者は、前項のあっせん又は調停を請求することができない。
> 　［注］　［　］の部分は、受注者が設計を自ら行う予定として入札に参加した場合には、削除する。

1．概要

　受発注者間の紛争のあっせん又は調停の対象として、施工に関する技術者等に加えて設計に関する配置技術者も含まれることを規定している。また、受注者が設計を委託する場合にあっては設計受託者も対象となる。

第 53 条（仲裁）

第 53 条　発注者及び受注者は、その一方又は双方が前条の［調停人又は］審査会のあっせん又は調停により紛争を解決する見込みがないと認めたときは、同条の規定にかかわらず、仲裁合意書に基づき、審査会の仲裁に付し、その仲裁判断に服する。

　［注］　［　］の部分は、第 52 条（B）を使用する場合には削除する。

1．概要

　本契約約款で仲裁に関して公共工事標準請負契約約款を追加・修正する事項はない。

第54条（情報通信の技術を利用する方法）

第 54 条　この約款において書面により行わなければならないこととされている<u>指示等</u>は、建設業法その他の法令に違反しない限りにおいて、電子情報処理組織を使用する方法その他の情報通信の技術を利用する方法を用いて行うことができる。ただし、当該方法は書面の交付に準ずるものでなければならない。

１．概要

　公共工事標準請負契約約款第 54 条（情報通信の技術を利用する方法）では電子情報処理組織を使用する方法その他の情報通信の技術を利用する方法の対象として「請求、通知、報告、申出、承諾、解除及び指示」が規定されている。一方、本契約約款の第 1 条（総則）第 6 項で公共土木設計業務等標準委託契約約款に用いられている指示、質問及び回答を含めて「指示等」と規定しており、本条も設計と施工の双方に適用されるよう、「指示等」を用いている。

> **第 55 条（補則）**
> 第 55 条　この契約書に定めのない事項については、必要に応じて発注者と受注者とが協議して定める。

1．概要

　本契約約款で補則に関して公共工事標準請負契約約款を追加・修正する事項はない。

5. 特記仕様書における記載事項

設計・施工一括発注方式の契約で定めるべき事項のうち、本契約約款において、特記仕様書での記載を前提としているものとして、以下の事項がある。

5.1 発注者と受注者のリスク分担
5.1.1 リスク分担に関する基本的な考え方

設計・施工一括発注方式においては、競争参加者の持つ技術力を反映できる範囲を広げるために、例えば橋梁で鋼橋やコンクリート橋等の橋種を指定しないなど、発注時に構造物の形式等を指定せず、提案の自由度を大きくすることが想定される。その場合、発注者は競争参加者からのあらゆる提案に対応する条件をあらかじめ提示することは困難であることから、結果として発注時の条件提示の内容・範囲が限られ、不確実性が生じるため、契約後におけるリスク要因となる恐れがある。

こうした背景の中、本契約約款は発注者が入札公告及び質問回答書において示す条件をもとに、これまでの施工経験等から、提示された条件と実際に起こりうる事象の乖離の幅の評価を行う等、競争参加者が自ら負担するリスクを合理的に評価可能な範囲で技術提案の作成及び入札価格の決定を行って応札し、落札者が決定することを前提としている。その結果、落札した受注者は「合理的な予測を超える事象・異常な事象」を除き基本的にリスクを負うこととなる。

ただし、発注者が示す条件が競争参加者にとって不十分な場合には、その不確実性に伴うリスクを回避するために競争参加者は応札を見送る、又は受注者の合理的な判断の範囲で安全側の設定に基づく応札を行うことが想定され、結果的に不調・不落になる場合もある。一方、技術力の劣った競争参加者が応札した場合、発注者が発注時に示した条件からリスクを適切に評価できずに、リスク対応費用を計上していない安値で応札し、結果的にその者が落札する恐れも出てくる。

このような事態を招かないためには、発注者はできるだけ競争参加者にとっての不確実性を減らすように詳細な条件明示に努めると共に、リスクを適切に評価できる競争参加者による競争を実現するための競争参加要件や、リスク分担を反映した予定価格の設定等の適正な技術力競争が行われる環境を整えることが求められる。また、発現したリスクを発注者と受注者のいずれの負担とするかのリスク分担に係わる条件の提示に関しては、受発注者の間で認識に齟齬が生じないように明確なものとしておくことが重要となる。

一方、受注者においてもリスク分担に係わる発注者の認識を的確に把握するために、入札手続き期間における「質問・回答」及び「技術対話」等の受発注者双方の共通認識を得るための仕組みを積極的に活用することが重要である。技術対話の具体的な実施目的や方法については「設計・施工一括及び詳細設計付工事発注方式 実施マニュアル（案） 平成21年3月」(http://www.nilim.go.jp/lab/peg/siryou/hatyusha/db_manual.pdf) が参考となる。

5.1.2 リスクの要因と分担の原則

本契約約款においては、直接的に具体的なリスク分担について規定していない。これは、リスク分担については、発注時の条件も含め発注内容毎に異なるため、工事毎に作成する特記仕様書で提示することを想定しているためである。特記仕様書により発注者が発注時に競争参加者に対してリスク分担を明示し、受発注者双方が共通の認識を持つことは重要であり、その基本的な考え方は以下のとおりである。

リスクの要因は基本的に次の4つに分類され、図5-1は4つのリスク要因とリスク分担の原則を示している。

① 発注者が発注時までの調査結果等を提示し、受注者がリスクの内容・大きさを技術的に判断する要因
② 発注者がコントロールしている要因
③ 受発注者のコントロール外の要因
④ 受注者がコントロールしている要因

「①発注者が発注時までの調査結果等を提示し、受注者がリスクの内容・大きさを技術的に判断する要因」で、入札時にリスクを評価し、その対処方法をどのように技術提案内容に反映するかについては競争参加者間の技術競争項目となっている。したがって、契約後にリスクの発現に伴って契約の変更を行うことは、当該リスクへの対処を十分に反映した提案を行ったものの、落札者となれなかった者に対して不公平な扱いをしたこととなる。よって競争の公平性の確保の観点から、①は原則として受注者負担とし、リスクの発現に伴う契約変更を行わないことが妥当といえる。ただし、原則として受注者が負担するリスクにあっても、その負担を無制限とすることは入札参加への意欲を阻害すると考えられ、「合理的な予測を超える事象・異常な事象」への対応は発注者の負担とすることが妥当といえる。一方、リスクの評価等を的確に行える競争参加者間での競争となる環境が形成されていないと、リスクの存在を認識していない競争参加者が出現し、リスクへの対処に係わる費用が考慮されていない入札価格の提示がなされる等の可能性がある。こうした点を考慮すると、競争参加要件の設定等により適正な競争環境を整えることも必要であるといえる。

「②発注者がコントロールしている要因」及び「③受発注者のコントロール外の要因」について、受注者の負担とすることは、受注者に過度のリスクを負わせることとなり、合理的な技術提案あるいは競争参加そのものを妨げることとなることから、これら2つの要因に伴うリスクは発注者が負担することが妥当といえる。

一方、「④受注者がコントロールしている要因」である契約の履行において発生した人為的ミスへの対応は、当然、受注者の負担となる。

なお、表5-1は要因ごとのリスク分担の考え方を整理して示している。

地質・土質条件に関して、設計図書（設計成果物を除く。）に明示された条件及びそこから合理的に予測可能なものについて原則として受注者の負担としたのは、競争参加者間の公平性を確保するためであり、そのためには発注者が適切に設計条件を提示することが前提となる。

地中障害物については人工物であり、その存在を競争参加者が技術的な知見により合理的に推測することが難しいため、設計図書（設計成果物を除く。）に明示していない場合の対応は発注者の負担とする。ただし、トンネル工事で開削・非開削の提案が自由な場合など、競争参加者が地

中障害物のリスクを回避する提案を行える場合は、受注者の負担とする。

　地元協議は受注者の負担としているが、これは設計図書（設計成果物を除く。）に明示されていない協議が対象であり、発注者が発注前に協議を実施し、その結果について設計図書（設計成果物を除く。）に明示している場合、契約後に協議結果の変更等があれば、発注者が自ら対応するか、または受注者の対応により費用を要する場合はその費用を発注者が負担することとなる。また、設計図書（設計成果物を除く。）に明示されていない場合であっても、例えば反社会的勢力が存在するなど、リスク対応を全て受注者に負わせることが適当でない場合も想定され、その場合は「発注者の負担とする」、「受発注者の協議事項とする」等個別の事情に応じた対応も考えられる。

　関連機関との協議についても受注者の負担としているが、地元協議と同様、発注者が発注前に実施し、その結果について設計図書（設計成果物を除く。）に明示した内容については発注者の負担となる。

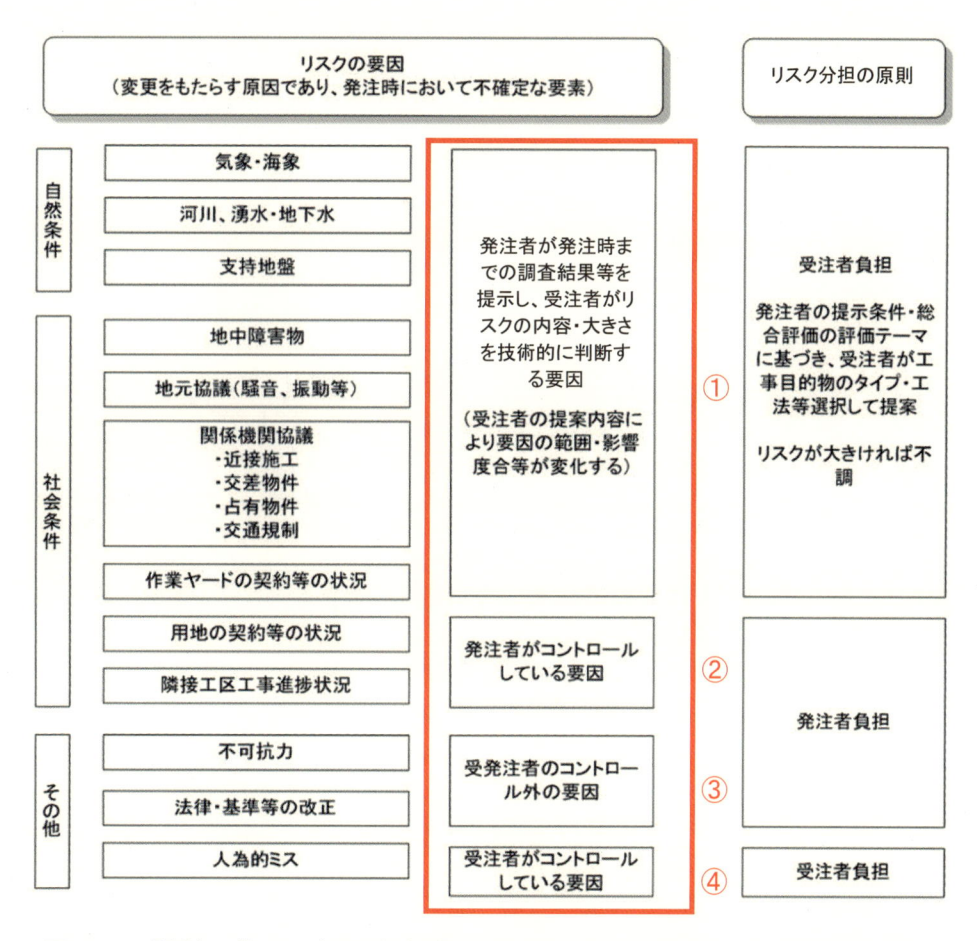

図 5-1　設計・施工一括発注方式におけるリスク要因とリスク分担の原則

表 5-1 リスク要因とリスク分担

リスク要因		リスク分担
自然条件	気象・海象	異常な気象・海象以外への対応は、受注者の負担とする。 異常な気象・海象への対応は、発注者の負担とし、直近〇年間の実績から想定しうる状況以上（以下）である場合を異常気象・海象とする。 「異常」とする判断の閾値（平均値、最大値、最小値等）は、対象とする事象により設定する。
	河川水、湧水・地下水	設計図書（設計成果物を除く。）に明示していた河川水、湧水・地下水条件及びそこから合理的に予測可能な状況への対応は、受注者の負担とする。 合理的な予測の範囲を超えた状況への対応は発注者の負担とする。 「合理的な予測の範囲超える」とは、既知の技術文献及びこれまでの施工事例等から予測できない状況をいう。
	地質・土質条件	設計図書（設計成果物を除く。）に明示していた地質・土質条件及びそこから合理的に予測可能な状況への対応は、受注者の負担とする。 合理的な予測の範囲を超えた状況への対応は発注者の負担とする。 「合理的な予測の範囲超える」とは、既知の技術文献及びこれまでの施工事例等から予測できない状況をいう。
社会条件	地中障害物	設計図書（設計成果物を除く。）に明示していた地中障害物への対応は受注者の負担とする。 設計図書（設計成果物を除く。）に明示していない地中障害物への対応は発注者の負担とする。ただし、設計図書（設計成果物を除く。）に明示していない地中障害物に係るリスクにあっても、競争参加者の提案によって当該リスクが回避できるものは受注者の負担とする。
	地元協議	地元協議結果への対応（騒音、振動、粉塵、プライバシー保護等）は受注者の負担とする。
	関係機関協議	関係機関との協議結果への対応（近接施工、交差物件対応、占有物件対応、交通規制等）は受注者の負担とする。
	作業用道路・ヤードの確保	設計図書（設計成果物を除く。）に明示していない作業用道路・ヤードの確保は受注者の負担とする
	用地の契約状況	設計図書（設計成果物を除く。）に明示した工事範囲の用地の使用可能時期等の変更に伴う対応は発注者の負担とする。
	隣接工区の工事進捗状況	設計図書（設計成果物を除く。）に明示した隣接工区の完成時期等の状況の変更に伴う対応は発注者の負担とする。
その他	不可抗力	不可抗力に伴う対応は発注者の負担とする。
	法律・基準等の改正	本工事の公告日以降の法律・基準等の改正に伴う対応は発注者の負担とする。
	人為的ミス	本工事契約の履行において犯した人為的ミスへの対応は受注者の負担とする。

5.1.3 リスク分担の記載例

リスク要因と分担に関する基本的な考え方に基づいた、リスク分担の特記仕様書における記載例を以下に示す。

【特記仕様書における記載例】
第○条　リスク分担
　当該工事においては、原則として、下記の項目に係るリスクは受注者の負担とし、それ以外のものは発注者の負担とする。その他事項については第○条のリスク分担表のとおりとする。なお、受注者の負担となる下記項目に係るリスクや第○条のリスク分担表におけるリスクについても、設計図書（設計成果物を除く。）に明示している事項に変更があった場合は発注者の負担とする。
　＜受注者が負担するリスクの項目（例）＞
　　①自然条件
　　・異常な気象・海象以外への対応は、受注者の負担とする。なお、異常な気象・海象とは過去○年間の○○値以上（以下）である場合とする。
　　　　※異常とする判断の閾値（平均値、最大値、最小値等）は、対象とする事象により適宜設定する。
　　・河川水、湧水・地下水について、設計図書（設計成果物を除く。）に明示していた条件及びそこから合理的に予測可能な状況への対応は、受注者の負担とする。なお、合理的に予測可能な状況とは、既知の技術文献及びこれまでの施工事例等から予測可能な状況をいう。
　　・地質・土質について、設計図書（設計成果物を除く。）に明示していた条件及びそこから合理的に予測可能な状況への対応は、受注者の負担とする。なお、合理的に予測可能な状況とは、既知の技術文献及びこれまでの施工事例等から予測可能な状況をいう。
　　②社会条件
　　・設計図書（設計成果物を除く。）に明示している地中障害物への対応は、受注者の負担とする。
　　　　※ただし、トンネル工事で開削・非開削の提案が自由な場合など、競争参加者が地中障害物のリスクを回避する提案を行える場合は、地中障害物への対応は、受注者の負担とする。
　　・地元協議結果への対応（騒音、振動、粉塵、水質汚濁等への対応）は、受注者の負担とする。
　　・関係機関協議結果への対応（近接施工、交差物件、占用物件、交通規制等への対応）は、受注者の負担とする。
　　・設計図書（設計成果物を除く。）に明示していない作業用道路・ヤードの確保は、受注者の負担とする。
　　③その他
　　・本工事契約の履行において発生した人為的ミスへの対応は、受注者の負担とする。

第○条　リスク分担表

本工事のリスク分担表は、以下のとおりとする。

リスク分担表（記載例）

リスク要因		リスクの発現事象	リスク分担先		備考
大項目	小項目		発注者	受注者	
自然条件	①気象・海象	異常な気象・海象※1以外への対応		○	異常な気象・海象への対応は発注者の負担
	②河川水、湧水・地下水	設計図書（設計成果物を除く。）に明示していた条件及び合理的に予測可能な状況※2への対応		○	合理的に予測不可能な状況への対応は発注者の負担
	③地質・土質	設計図書（設計成果物を除く。）に明示していた条件及び合理的に予測可能な状況※2への対応		○	合理的に予測不可能な状況への対応は発注者の負担
社会条件	①地中障害物	設計図書（設計成果物を除く。）に明示していた地中障害物への対応		○	設計図書（設計成果物を除く。）に明示していない地中障害物への対応は発注者の負担
	②地元協議	地元協議結果への対応（騒音、振動、粉塵、水質汚濁等への対応）		○	設計図書（設計成果物を除く。）に明示した地元協議結果への対応は発注者の負担
	③関係機関協議	関係機関協議結果への対応（近接施工、交差物件、占用物件、交通規制等への対応）		○	設計図書（設計成果物を除く。）に明示した関係機関協議結果への対応は発注者の負担
	④作業用道路・ヤード	作業用道路・ヤードの確保		○	設計図書（設計成果物を除く。）に明示した作業用道路・ヤードの確保は発注者の負担
	⑤用地	設計図書（設計成果物を除く。）に明示した用地の使用可能時期等の変更に伴う対応	○		
	⑥隣接工区工事	設計図書（設計成果物を除く。）に明示した隣接工区の工事の進捗状況の変更に伴う対応	○		
その他	①不可抗力	地震等の不可抗力に伴う対応	○		
	②法律・基準等の改正	法律・基準等の改正に伴う対応	○		
	③人為的ミス	本工事契約の履行において発生した受注者の人為的ミスへの対応		○	

※1 異常な気象・海象とは過去○年間の○○値以上（以下）である場合とする。
※2 合理的に予測可能な状況とは、既知の技術文献及びこれまでの施工事例等から予測可能な状況をいう。

5.2　設計成果物の提出期限等

　本契約約款では、契約対象の設計及び施工を含む工事全体の工期を契約書で示しており、設計単独の履行期間を示していない。これは、設計・施工一括発注方式においては、工期を短縮するために設計と施工が並行して実施される可能性等を考慮したことによる。

　一方、設計成果物について、発注者が設計成果物及び設計成果物に基づく施工の承諾を行うまでは、受注者は施工を開始できないことを規定している（第13条の2第2項及び第3項）。また、設計と施工の同時進行により、特に先行して施工する部分がある場合、受注者は全体工程表で当該部分を示し、その部分の設計が完了した際には、設計成果物を他の部分に先行して発注者に提出する必要がある（第13条の2第1項）。

　受注者による設計成果物の提出期限及び発注者による設計成果物の承諾期限等については、工事全体の工程管理上、非常に重要であり、その規定に関する特記仕様書の記載例を以下に示す。

【特記仕様書における記載例】
第○条　設計成果物の提出期限等
1．設計成果物の提出期限は、契約の翌日から○ヶ月以内とする。
2．設計成果物について、基本性能及び施工における条件明示を満足することを照査し、発注者より設計成果物及び設計成果物に基づく施工の承諾を得るものとする。
3．発注者は受注者による設計成果物の提出後、前項の承諾を行う場合には、○日以内に行うものとする。なお、発注者より前項の承諾を得たとしても、工事について一切の責任は受注者に帰属するものとする。
　※○は設計内容によって必要な期限を記入。

5.3 共通仕様書の読み替え等

本契約約款では、「3.8.1 契約図書の構成」で示しているように、各発注者が整備している共通仕様書を活用することを前提としている。ただし、設計と施工を一括発注とする場合には、各共通仕様書間で用語の不整合等が生じることから、特記仕様書において共通仕様書の関連条項について必要な読み替え等を明示する必要がある。

特記仕様書における読替条等の記載例を以下に示す。なお、読替条等の具体的な記載例は、参考として国土交通省の設計業務等共通仕様書と土木工事共通仕様書を例としたものを「7.2 設計業務等共通仕様書及び土木工事共通仕様書の読替条等の例」で示している。

【特記仕様書における記載例】

第○条　設計業務等共通仕様書における以下の条項に該当する規定は、下表の規定に読み替える。

本工事契約における仕様
第○○条 ・・・・・・・・・・
第1206条　設計業務の内容 １．（削除） ２．（削除） ３．（削除） ４．（削除） ５．設計とは、施工に必要な平面図、縦横断面図、構造物等の詳細設計図、設計計算書、工種別数量計算書等を作成するものをいう。
第○○条 ・・・・・・・・・・

第○条　土木工事共通仕様書における以下の条項に該当する規定は、下表の規定に読み替える。

本工事契約における仕様
○－○－○ ・・・・・・・・・・
１－１－２　用語の定義 ・・・・・・・・・・

第○条　設計業務等共通仕様書及び土木工事共通仕様書に以下の用語の定義を追加する。

１．設計図書（設計成果物を除く。） 「設計図書（設計成果物を除く。）」とは、別冊の図面、仕様書、数量総括表、現場説明書及び現場説明に対する質問回答書をいう。 ・・・・・・・・・・

6. Q&A

	Q	A
1	公共土木設計施工標準請負契約約款を公共建築工事に適用することは可能か。	本契約約款は公共土木事業における発注者からの条件提示や発注者による監督等の状況を前提としており、その適用は基本的には土木工事に限定される。
2	設計を完了しても設計費は部分払い扱いで全額の支払いがなされないのはなぜか	設計・施工一括発注方式にあっては、工事目的物の施工完了までは、設計に関しても完了していない。 施工費と同等の扱いとしている。
3	設計・施工一括発注方式の適用にあたって、発注者の条件提示の仕方は重要なことであるが、どの程度の内容を提示するのか。	発注時の条件提示の内容等に関しては、案件により、対象構造物の種類、施工の制約条件の状況等が種々異なるため、条件提示の基本的な考え方を「5.1 発注者と受注者のリスク分担」に示した。
4	総価契約単価合意方式となっているが、単価の合意はいつ行うのか。	設計成果物に基づく変更契約の内容に応じた内訳書の提出後、速やかに、単価合意書を締結する。
5	設計に関する技術的管理を行う設計主任技術者の資格・実績要件を下請けの建設コンサルタントにも求めるのか。	設計を外部委託する場合には、下請けの建設コンサルタントが配置する設計主任技術者に、資格・実績要件を求める。
6	設計の瑕疵担保期間は設計成果物及び設計成果物に基づく施工の承諾がなされた時点から起算するのではないのか。	設計・施工一括発注方式にあっては、工事目的物の施工完了までは、設計に関しても完了していない。工事目的物の引き渡しを行った時点からの起算となる。
7	設計に関しても建設工事紛争審査会の対象となるのか	設計・施工一括発注方式は設計を含む工事請負契約であることから、建設工事紛争審査会の対象となる。
8	設計に関する著作権を無償譲渡としているが、妥当なのか。	本契約約款で対象としている設計・施工一括発注方式における設計範囲は、予備設計、詳細設計であり、これらが単独で発注されている際に適用されている公共土木設計業務等標準委託契約約款を踏襲している。同契約約款の改定等の議論を通じて著作権に関する見直しがなされる場合には、本契約約款もその見直し結果を踏まえ、必要に応じて改定を検討する。

9	設計部分と施工部分の契約金額を明確に区別しておくべきではないか。	本契約約款は、総価契約単価合意方式により契約することを前提としており、単価合意書により、設計部分と施工部分の契約金額は明確に区別することができる。具体的には、第3条の「請負代金内訳書及び工程表」の規定で受注者が提出する内訳書において、設計と施工に係わる費用がそれぞれ示される。
10	管理技術者、設計主任技術者、照査技術者は設計期間だけの配置でよいのではないか。	本契約約款では、管理技術者、設計主任技術者、照査技術者は工事期間中の常駐・専任を求めていない。ただし、施工段階において設計に係わる技術者の関与が必要な場合には、設計主任技術者等の関与が求められる。
11	受注者の設計において、合理的・経済的な施工を行う上で必要であると判断され、発注者の承諾を得た設計成果物で規定された工事用地等については、発注者の責任において確保すべき用地ではないか。	発注者は発注時の条件として明示した工事に必要な用地を、施工開始時までに確保する必要がある。競争参加者は、発注者が提示した同一の条件の下で競争を行うが、発注時の条件に示された以外の用地が必要な場合には、技術提案として提案し、入札価格にその費用を含めることも考えられる。 また、受注後の設計期間中に、発注者から受注者へ追加の支払いをしなくとも、取得により工事の品質が高まる用地があれば、受発注者が協議を行ったうえで受注者が取得（関連する補償を含む。）することを本契約約款は否定していない。
12	設計費に対するデフレ・インフレの影響の反映（スライド条項）が定められていないのは何故か。	設計費に対するデフレ・インフレの影響の反映（スライド条項）に関して、工事費（機械・労務費・材料費）と異なり公共土木設計業務等標準委託契約約款においては、スライド条項は定められていない。これは、スライド条項が規定されている工事の労務費等と異なり、設計の場合には設計会社と恒常的な雇用契約関係にある者が設計に従事することから、年間の賃金変動がないことに由来していると考えられる。そこ

		で、本契約約款においても設計費（外部委託費）に係わるスライド条項は定めていない。
13	設計を委託する場合には、設計受託者の見積額以上の金額を支払わなければならない規定となっているが、単価合意において見積額はどのように扱うのか。	設計受託者の見積額は、発注者と受注者の双方が承知していることから、単価合意の協議はこれを考慮して行われることとなる。

7. 資料
7.1 公共土木設計施工標準請負契約約款

公共土木設計施工標準請負契約約款

公共土木設計施工請負契約書

1　工事名
2　工事場所
3　工　　期　　　自　平成　　年　　月　　日
　　　　　　　　　至　平成　　年　　月　　日
4　請負代金額
　　（うち取引に係る消費税及び地方消費税の額）
5　契約保証金
　　［注］第4条（B）を使用する場合には、「免除」と記入する。
6　設計受託者
　　［注］　受注者が設計を自ら行う予定として入札に参加した場合は削除。
7　調停人
　　［注］調停人を活用することが望ましいが、発注者及び受注者があらかじめ定めない場合は削除。
（8　解体工事に要する費用等）
　　［注］　この工事が、建設工事に係る資材の再資源化等に関する法律（平成12年法律104号）第9条第1項に規定する対象建設工事の場合は、(1)解体工事に要する費用、(2)再資源化等に要する費用、(3)分別解体等の方法、(4)再資源化等をする施設の名称及び所在地についてそれぞれ記入する。

　上記の工事について、発注者と受注者は、各々の対等な立場における合意に基づいて、別添の条項によって公正な請負契約を締結し、信義に従って誠実にこれを履行するものとする。
　また、受注者が共同企業体を結成している場合には、受注者は、別紙の共同企業体協定書により契約書記載の工事を共同連帯して請け負う。
　本契約の証として本書　　通を作成し、発注者及び受注者が記名押印の上、各自一通を保有する。

　　　　　　　　　　　　　　　　　　　　　　　　　　　　　平成　　年　　月　　日
　　　　発注者　　　　　住　所
　　　　　　　　　　　　氏　名　　　　　　　　　　　　印
　　　　受注者　　　　　住　所
　　　　　　　　　　　　氏　名　　　　　　　　　　　　印
　　　［注］　受注者が共同企業体を結成している場合においては、受注者の住所及び氏名の欄には、共同企業体の名称並びに共同企業体の代表者及びその他の構成員の住所及び氏名を記入する。

（総則）
第1条　発注者及び受注者は、この約款（契約書を含む。以下同じ。）に基づき、設計図書に従い、日本国の法令を遵守し、この契約（この約款及び設計図書を内容とする設計及び施工の請負契約をいう。以下同じ。）を履行しなければならない。
2　この約款における用語の定義は、この約款に特別の定めがある場合を除き、次の各号のとおりとする。
　一　「設計図書」とは、別冊の図面、仕様書、数量総括表、現場説明書、現場説明に対する質問回答書及び設計成果物をいう。
　二　「設計図書（設計成果物を除く。）」とは、別冊の図面、仕様書、数量総括表、現場説明書及び現場説明に対する質問回答書をいう。
　三　「設計」とは、工事目的物の設計、仮設の設計及び設計に必要な調査又はそれらの一部をいう。
　四　「施工」とは、工事目的物の施工及び仮設の施工又はそれらの一部をいう。
　五　「工事」とは、設計及び施工をいう。
　六　「工事目的物」とは、この契約の目的物たる構造物をいう。
　七　「設計成果物」とは、受注者が設計した工事目的物の施工及び仮設の施工に必要な成果物又はそれらの一部をいう。
　八　「工期」とは、契約書に明示した設計及び施工に要する始期日から終期日までの期間をいう。
3　受注者は、契約書記載の工事を契約書記載の工期内に完成し、設計成果物及び工事目的物を発注者に引き渡すものとし、発注者は、その請負代金を支払うものとする。
4　設計方法、仮設、施工方法、その他設計成果物及び工事目的物を完成するために必要な一切の手段（以下「設計・施工方法等」という。）については、この約款及び設計図書に特別の定めがある場合を除き、受注者がその責任において定める。
5　受注者は、この契約の履行に関して知り得た秘密を漏らしてはならない。
6　この約款に定める指示、請求、通知、報告、申出、承諾、質問、回答及び解除（以下「指示等」という。）は、書面により行わなければならない。
7　この契約の履行に関して発注者と受注者との間で用いる言語は、日本語とする。
8　この約款に定める金銭の支払いに用いる通貨は、日本円とする。
9　この契約の履行に関して発注者と受注者との間で用いる計量単位は、設計図書（設計成果物を除く。）に特別の定めがある場合を除き、計量法（平成4年法律第51号）に定めるものとする。
10　この約款及び設計図書（設計成果物を除く。）における期間の定めについては、民法（明治29年法律第89号）及び商法（明治32年法律第48号）の定めるところによるものとする。
11　この契約は、日本国の法令に準拠するものとする。
12　この契約に係る訴訟については、日本国の裁判所をもって合意による専属的管轄裁判所とする。
13　受注者が共同企業体を結成している場合においては、発注者は、この契約に基づくすべての行為を共同企業体の代表者に対して行うものとし、発注者が当該代表者に対して行ったこの契

約に基づくすべての行為は、当該企業体のすべての構成員に対して行ったものとみなし、また、受注者は、発注者に対して行うこの契約に基づくすべての行為について当該代表者を通じて行わなければならない。

(関連工事の調整)

第2条　発注者は、受注者の実施する工事及び発注者の発注に係る第三者の実施する他の工事が実施上密接に関連する場合において、必要があるときは、その実施につき、調整を行うものとする。この場合においては、受注者は、発注者の調整に従い、当該第三者の行う工事の円滑な実施に協力しなければならない。

(請負代金内訳書及び工程表)

第3条　受注者は、この契約締結後○日以内に設計図書(設計成果物を除く。)に基づいて、請負代金内訳書(以下「内訳書」という。)及び設計の工程と施工の概略の工程を示した全体工程表を作成し、発注者に提出しなければならない。

2　受注者は、第13条の2第2項に規定する設計成果物の承諾を得たときは、設計成果物等に基づいた内訳書及び施工の工程表を作成し設計成果物に係る発注者の承諾後○日以内に発注者に提出しなければならない。

3　内訳書及び工程表は、発注者及び受注者を拘束するものではない。

　　［注］　発注者が内訳書を必要としない場合は、内訳書に関する部分を削除する。

4　発注者及び受注者は、設計成果物に基づく変更契約の内容に応じた内訳書の提出後、速やかに、その内容について協議し、単価合意書を締結するものとする。

5　設計成果物に基づく変更契約の内容に応じた単価合意書は、この約款の他の条項において定める場合を除き、発注者及び受注者を拘束するものではない。

6　受注者は、請負代金額の変更があった場合には、内訳書を変更し、○日以内に設計図書に基づいて、発注者に提出しなければならない。

7　第4項の規定は、請負代金額の変更後の単価合意の場合に準用する。その場合において、協議開始の日から○日以内に協議が整わない場合には、発注者が定め、受注者に通知する。

8　第1項から第4項まで、第6項及び第7項の内訳書に係る規定は、請負代金額が1億円未満又は工期が6箇月未満の工事で、受注者が、単価包括合意方式を選択し、かつ、工事費構成書の提示を求めない場合は、適用しない。

(契約の保証)

第4条(A)　受注者は、この契約の締結と同時に、次の各号のいずれかに掲げる保証を付さなければならない。ただし、第5号の場合においては、履行保証保険契約の締結後、直ちにその保険証券を発注者に寄託しなければならない。

　　一　契約保証金の納付
　　二　契約保証金に代わる担保となる有価証券等の提供
　　三　この契約による債務の不履行により生ずる損害金の支払いを保証する銀行又は発注者が確実と認める金融機関等の保証
　　四　この契約による債務の履行を保証する公共工事履行保証証券による保証
　　五　この契約による債務の不履行により生ずる損害をてん補する履行保証保険契約の締結

2　前項の保証に係る契約保証金の額、保証金額又は保険金額(第4項において「保証の額」と

いう。）は、請負代金額の10分の〇以上としなければならない。

3　第1項の規定により、受注者が同項第2号又は第3号に掲げる保証を付したときは、当該保証は契約保証金に代わる担保の提供として行われたものとし、同項第4号又は第5号に掲げる保証を付したときは、契約保証金の納付を免除する。

4　請負代金額の変更があった場合には、保証の額が変更後の請負代金額の10分の〇に達するまで、発注者は、保証の額の増額を請求することができ、受注者は、保証の額の減額を請求することができる。

　　［注］　（A）は、金銭的保証を必要とする場合に使用することとし、〇の部分には、たとえば、1と記入する。

第4条（B）　受注者は、この契約の締結と同時に、この契約による債務の履行を保証する公共工事履行保証証券による保証（瑕疵担保特約を付したものに限る。）を付さなければならない。

2　前項の場合において、保証金額は、請負代金額の10分の〇以上としなければならない。

3　請負代金額の変更があった場合には、保証金額が変更後の請負代金額の10分の〇に達するまで、発注者は、保証金額の増額を請求することができ、受注者は、保証金額の減額を請求することができる。

　　［注］　（B）は、役務的保証を必要とする場合に使用することとし、〇の部分には、たとえば、3と記入する。

（権利義務の譲渡等）

第5条　受注者は、この契約により生ずる権利又は義務を第三者に譲渡し、又は承継させてはならない。ただし、あらかじめ、発注者の承諾を得た場合は、この限りでない。

　　［注］　ただし書の適用については、たとえば、受注者が工事に係る請負代金債権を担保として資金を借り入れようとする場合（受注者が、「下請セーフティネット債務保証事業」（平成11年1月28日建設省経振発第8号）又は「地域建設業経営強化融資制度」（平成20年10月17日国総建第197号、国総建整第154号）により資金を借り入れようとする等の場合）が該当する。

2　受注者は、設計成果物（未完成の設計成果物及び設計を行う上で得られた記録等を含む。）を第三者に譲渡し、貸与し、又は質権その他の担保の目的に供してはならない。ただし、あらかじめ、発注者の承諾を得た場合は、この限りでない。

3　受注者は、工事目的物、工事材料（工場製品を含む。以下同じ。）のうち第13条第2項の規定による検査に合格したもの及び第37条第3項の規定による部分払のため確認を受けたものを第三者に譲渡し、貸与し、又は抵当権その他の担保の目的に供してはならない。ただし、あらかじめ、発注者の承諾を得た場合は、この限りでない。

（著作権の譲渡等）

第5条の2　受注者は、設計成果物（第38条第1項に規定する指定部分に係る設計成果物を含む。以下この条において同じ。）が著作権法（昭和45年法律第48号）第2条第1項第1号に規定する著作物（以下この条において「著作物」という。）に該当する場合には、当該著作物に係る受注者の著作権（著作権法第21条から第28条まで規定する権利をいう。）を当該著作物の引渡し時に発注者に無償で譲渡する。

2　発注者は、設計成果物が著作物に該当するとしないとにかかわらず、当該設計成果物の内容を受注者の承諾なく自由に公表することができ、また、当該設計成果物が著作物に該当する場合には、受注者が承諾したときに限り、既に受注者が当該著作物に表示した氏名を変更することができる。

3　受注者は、設計成果物が著作物に該当する場合において、発注者が当該著作物の利用目的の実現のためにその内容を改変するときは、その改変に同意する。また、発注者は、設計成果物が著作物に該当しない場合には、当該設計成果物の内容を受注者の承諾なく自由に改変することができる。

4　受注者は、設計成果物（設計を行う上で得られた記録等を含む。）が著作物に該当するとしないとにかかわらず、発注者が承諾した場合には、当該設計成果物を使用又は複製し、また、第1条第5項の規定にかかわらず当該設計成果物の内容を公表することができる。

5　発注者は、受注者が設計成果物の作成に当たって開発したプログラム（著作権法第10条第1項第9号に規定するプログラムの著作物をいう。）及びデータベース（著作権法第12条の2に規定するデータベースの著作物をいう。）について、受注者が承諾した場合には、別に定めるところにより、当該プログラム及びデータベースを利用することができる。

（施工の一括委任又は一括下請負の禁止）

第6条　受注者は、施工の全部若しくはその主たる部分又は他の部分から独立してその機能を発揮する工作物の施工を一括して第三者に委任し、又は請け負わせてはならない。

　　［注］　公共工事の入札及び契約の適正化の促進に関する法律（平成12年法律第127号）の適用を受けない発注者が建設業法施行令（昭和31年政令第273号）第6条の3に規定する工事以外の工事を発注する場合においては、「ただし、あらかじめ、発注者の承諾を得た場合は、この限りではない。」とのただし書を追記することができる。

（設計の一括再委託等の禁止）

第6条の2（A）　受注者は、設計の全部を一括して、又は発注者が設計図書（設計成果物を除く。）において指定した設計の主たる部分を第三者に委任し、又は請け負わせてはならない。

2　受注者は、前項の設計の主たる部分のほか、発注者が設計図書（設計成果物を除く。）において指定した設計の部分を第三者に委任し、又は請け負わせてはならない。

3　受注者は、設計の一部を第三者に委任し、又は請け負わせようとするときは、あらかじめ、発注者の承諾を得なければならない。ただし、発注者が設計図書（設計成果物を除く。）において指定した軽微な部分を委任し、又は請け負わせようとするときは、この限りでない。

　［注］　（A）は、受注者が設計を自ら行う予定として入札に参加した場合に使用する。

（設計の再委託）

第6条の2（B）　受注者は、入札時に予定していた委託部分以外の設計の一部を第三者に委任し、又は請け負わせようとするときは、あらかじめ、発注者の承諾を得なければならない。ただし、発注者が設計図書（設計成果物を除く。）において指定した軽微な部分を委任し、又は請け負わせようとするときは、この限りでない。

　［注］　（B）は、受注者が設計を委託する予定として入札に参加した場合に使用する。

（施工の下請負人の通知）

第7条　発注者は、受注者に対して、施工の下請負人の商号又は名称、その他必要な事項の通知を請求することができる。

（設計の再委託又は下請負人の通知）

第7条の2　発注者は、受注者に対して、設計の一部を委任し、又は請け負わせた者の商号又は名称その他必要な事項の通知を請求することができる。

（設計受託者との委託契約等）
第7条の3　受注者は、特段の理由がある場合を除き、設計図書（設計成果物を除く。）に定める設計を実施する下請負人（以下「設計受託者」という。）が受注者に提出した見積書（見積書の記載事項に変更が生じた場合には、設計図書（設計成果物を除く。）に定める方法により変更された見積書をいう。以下「設計見積書」という。）に記載の見積額以上の金額を委託費として、設計受託者と契約を締結しなければならない。

2　受注者は、設計受託者と契約を締結したときは、当該契約に係る契約書の写しを、速やかに発注者に提出しなければならない。

3　受注者は、設計受託者との契約内容に変更が生じたときは、設計図書（設計成果物を除く。）に定める方法に従い、当該変更に係る契約に関し設計受託者が提出した設計見積書の写し及び契約書の写しを、当該変更に係る契約の締結後速やかに、発注者に提出しなければならない。

4　受注者は、設計受託者への委託費の支払いが完了した後速やかに、設計図書（設計成果物を除く。）に定める方法に従い、設計受託者に対する支払いに関する報告書を、発注者に提出しなければならない。

5　発注者は、前3項の規定により設計見積書の写し、契約書の写し又は支払いに関する報告書を受領した後、必要があると認めるときは、受注者に対し、別に期限を定めて、その内容に関する説明を書面で提出させることができる。この場合において、受注者は、当該書面を発注者が定める期限までに提出しなければならない。

6　受注者は、設計受託者の倒産等やむを得ない場合を除き、設計受託者の変更をしてはならない。なお、やむを得ず設計受託者を変更する際には、発注者の承諾を得なくてはならない。

7　前項により受注者が新たに設計受託者と契約を締結した場合には、第2項中「当該契約に係る契約書の写し」を「当該契約に係る設計見積書及び契約書の写し」と読み替えて、この条の規定を適用する。

　［注］　本条は、受注者が設計を委託する予定として入札に参加した場合に使用する。

（特許権等の使用）
第8条　受注者は、特許権、実用新案権、意匠権、商標権その他日本国の法令に基づき保護される第三者の権利（以下「特許権等」という。）の対象となっている工事材料、設計・施工方法等を使用するときは、その使用に関する一切の責任を負わなければならない。ただし、発注者がその工事材料、設計・施工方法等を指定した場合において、設計図書（設計成果物を除く。）に特許権等の対象である旨の明示がなく、かつ、受注者がその存在を知らなかったときは、発注者は、受注者がその使用に関して要した費用を負担しなければならない。

（監督員）
第9条　発注者は、監督員を置いたときは、その氏名を受注者に通知しなければならない。監督員を変更したときも同様とする。

2　監督員は、この約款の他の条項に定めるもの及びこの約款に基づく発注者の権限とされる事項のうち発注者が必要と認めて監督員に委任したもののほか、設計図書（設計成果物を除く。）に定めるところにより、次に掲げる権限を有する。

　　一　この契約の履行についての受注者又は受注者の現場代理人に対する指示、承諾又は協議
　　二　この約款及び設計図書（設計成果物を除く。）の記載内容に関する受注者の確認の申出、

　　　　　質問に対する承諾又は回答
　　　三　設計図書に基づく施工のための詳細図等の作成及び交付又は受注者が作成した詳細図等の承諾
　　　四　設計の進捗の確認、設計図書（設計成果物を除く。）の記載内容と履行内容との照合その他この契約の履行状況の監督
　　　五　設計図書に基づく工程の管理、立会い、施工状況の検査又は工事材料の試験若しくは検査（確認を含む。）
3　発注者は、2名以上の監督員を置き、前項の権限を分担させたときにあってはそれぞれの監督員の有する権限の内容を、監督員にこの約款に基づく発注者の権限の一部を委任したときにあっては当該委任した権限の内容を、受注者に通知しなければならない。
4　第2項の規定に基づく監督員の指示又は承諾は、原則として、書面により行わなければならない。
5　発注者が監督員を置いたときは、この約款に定める指示等については、設計図書（設計成果物を除く。）に定めるものを除き、監督員を経由して行うものとする。この場合においては、監督員に到達した日をもって発注者に到達したものとみなす。
6　発注者が監督員を置かないときは、この約款に定める監督員の権限は、発注者に帰属する。

（現場代理人及び主任技術者等）

第10条　受注者は、次の各号に掲げる者を定めて工事現場に設置し、設計図書（設計成果物を除く。）に定めるところにより、その氏名その他必要な事項を発注者に通知しなければならない。これらの者を変更したときも同様とする。
　　　一　現場代理人
　　　二　(A)［　］主任技術者
　　　　　(B)［　］監理技術者
　　　三　専門技術者（建設業法（昭和24年法律第100号）第26条の2に規定する技術者をいう。以下同じ。）
　　［注］　(B)は、建設業法第26条第2項の規定に該当する場合に、(A)は、それ以外の場合に使用する。
　　　　　　［　］の部分には、同法第26条第3項の工事の場合に「専任の」の字句を記入する。
2　現場代理人は、この契約の履行に関し、工事現場に常駐し、その運営、取締りを行うほか、請負代金額の変更、請負代金の請求及び受領、第12条第1項の請求の受理、同条第4項の決定及び通知並びにこの契約の解除に係る権限を除き、この契約に基づく受注者の一切の権限を行使することができる。
3　発注者は、前項の規定にかかわらず、現場代理人の工事現場における運営、取締り及び権限の行使に支障がなく、かつ、発注者との連絡体制が確保されると認めた場合には、現場代理人について工事現場における常駐を要しないこととすることができる。
4　受注者は、第2項の規定にかかわらず、自己の有する権限のうち現場代理人に委任せず自ら行使しようとするものがあるときは、あらかじめ、当該権限の内容を発注者に通知しなければならない。

（管理技術者）

第10条の2　受注者は、設計の進捗の管理を行う管理技術者を定め、その氏名その他必要な事項

を発注者に通知しなければならない。その者を変更したときも、同様とする。
（設計主任技術者）

第10条の3（A）　受注者は、設計の技術上の管理及び統轄を行う設計主任技術者を定め、その氏名その他必要な事項を発注者に通知しなければならない。その者を変更したときも、同様とする。

　［注］　（A）は、受注者が設計を自ら行う予定として入札に参加した場合に使用する。

第10条の3（B）　受注者は、設計の技術上の管理及び統轄を行う設計主任技術者を定め、その氏名その他必要な事項を発注者に通知しなければならない。その者を変更したときも、同様とする。

2　設計主任技術者は設計受託者に所属する者としなければならない。

　［注］　（B）は、受注者が設計を委託する予定として入札に参加した場合に使用する。

（照査技術者）

第10条の4（A）　受注者は、設計図書（設計成果物を除く。）に定める場合には、設計成果物の内容の技術上の照査を行う照査技術者を定め、その氏名その他必要な事項を発注者に通知しなければならない。その者を変更したときも、同様とする。

　［注］　（A）は、受注者が設計を自ら行う予定として入札に参加した場合に使用する。

第10条の4（B）　受注者は、設計図書（設計成果物を除く。）に定める場合には、設計成果物の内容の技術上の照査を行う照査技術者を定め、その氏名その他必要な事項を発注者に通知しなければならない。その者を変更したときも、同様とする。

2　照査技術者は設計受託者に所属する者としなければならない。

　［注］　（B）は、受注者が設計を委託する予定として入札に参加した場合に使用する。

（技術者等の兼務）

第10条の5（A）　現場代理人、主任技術者（監理技術者）及び専門技術者は、これを兼ねることができる。

2　管理技術者及び設計主任技術者は、これを兼ねることができる。

3　現場代理人、主任技術者（監理技術者）及び専門技術者は、管理技術者及び設計主任技術者又は照査技術者を兼ねることができる。

　［注］　（A）は、受注者が設計を自ら行う予定として入札に参加した場合に使用する。

第10条の5（B）　現場代理人、主任技術者（監理技術者）及び専門技術者は、これを兼ねることができる。

2　現場代理人、主任技術者（監理技術者）及び専門技術者は、管理技術者を兼ねることができる。

　［注］　（B）は、受注者が設計を委託する予定として入札に参加した場合に使用する。

（履行報告）

第11条　受注者は、設計図書に定めるところにより、この契約の履行について発注者に報告しなければならない。

（工事関係者に関する措置請求）

第12条（A）　発注者は、現場代理人がその職務（管理技術者、設計主任技術者、照査技術者、主任技術者（監理技術者）又は専門技術者と兼任する現場代理人にあっては、それらの者の職

務を含む。）の執行につき著しく不適当と認められるときは、受注者に対して、その理由を明示した書面により、必要な措置をとるべきことを請求することができる。

[注]　（A）は、受注者が設計を自ら行う予定として入札に参加した場合に使用する。

（B）　発注者は、現場代理人がその職務（管理技術者、主任技術者（監理技術者）又は専門技術者と兼任する現場代理人にあっては、それらの者の職務を含む。）の執行につき著しく不適当と認められるときは、受注者に対して、その理由を明示した書面により、必要な措置をとるべきことを請求することができる。

[注]　（B）は、受注者が設計を委託する予定として入札に参加した場合に使用する。

2（A）　発注者は、管理技術者、設計主任技術者若しくは照査技術者（これらの者と現場代理人を兼任する者を除く。）又は受注者の使用人、第6条の2第3項の規定により受注者から設計を委任され、若しくは請け負った者が設計又は設計の管理につき著しく不適当と認められるときは、受注者に対して、その理由を明示した書面により、必要な措置をとるべきことを請求することができる。

[注]　（A）は、受注者が設計を自ら行う予定として入札に参加した場合に使用する。

2（B）　発注者は、管理技術者（現場代理人を兼任する者を除く。）、設計主任技術者、照査技術者若しくは設計受託者又は受注者の使用人、設計受託者の使用人、第6条の2の規定により受注者から設計を委任され、若しくは請け負った者が設計又は設計の管理につき著しく不適当と認められるときは、受注者に対して、その理由を明示した書面により、必要な措置をとるべきことを請求することができる。

[注]　（B）は、受注者が設計を委託する予定として入札に参加した場合に使用する。

3　発注者又は監督員は、主任技術者（監理技術者）、専門技術者（これらの者と現場代理人を兼任する者を除く。）その他受注者が施工するために使用している下請負人、労働者等で施工又は施工の管理につき著しく不適当と認められるものがあるときは、受注者に対して、その理由を明示した書面により、必要な措置をとるべきことを請求することができる。

4　受注者は、前3項の規定による請求があったときは、当該請求に係る事項について決定し、その結果を請求を受けた日から10日以内に発注者に通知しなければならない。

5　受注者は、監督員がその職務の執行につき著しく不適当と認められるときは、発注者に対して、その理由を明示した書面により、必要な措置をとるべきことを請求することができる。

6　発注者は、前項の規定による請求があったときは、当該請求に係る事項について決定し、その結果を請求を受けた日から10日以内に受注者に通知しなければならない。

（工事材料の品質及び検査等）

第13条　工事材料の品質については、設計図書に定めるところによる。設計図書にその品質が明示されていない場合にあっては、中等の品質を有するものとする。

2　受注者は、設計図書において監督員の検査（確認を含む。以下この条において同じ。）を受けて使用すべきものと指定された工事材料については、当該検査に合格したものを使用しなければならない。この場合において、当該検査に直接要する費用は、受注者の負担とする。

3　監督員は、受注者から前項の検査を請求されたときは、請求を受けた日から〇日以内に応じなければならない。

4　受注者は、工事現場内に搬入した工事材料を監督員の承諾を受けないで工事現場外に搬出し

てはならない。

5 受注者は、前項の規定にかかわらず、第2項の検査の結果不合格と決定された工事材料については、当該決定を受けた日から〇日以内に工事現場外に搬出しなければならない。

（設計成果物及び設計成果物に基づく施工の承諾）

第13条の2 受注者は、設計のすべて又は全体工程表に示した先行して施工する部分の設計が完了したときは、その設計成果物を発注者に提出しなければならない。

2 発注者は、提出された設計成果物及び設計成果物に基づく施工を承諾する場合は、その旨を受注者に通知しなければならない。

3 受注者は、前項の規定による通知があるまでは、施工を開始してはならない。

4 第2項の承諾を行ったことを理由として、発注者は工事について何ら責任を負担するものではなく、また受注者は何らの責任を減じられず、かつ免ぜられているものではない。

（監督員の立会い及び工事記録の整備等）

第14条 受注者は、設計図書において監督員の立会いの上調合し、又は調合について見本検査を受けるものと指定された工事材料については、当該立会いを受けて調合し、又は当該見本検査に合格したものを使用しなければならない。

2 受注者は、設計図書において監督員の立会いの上施工するものと指定された工事については、当該立会いを受けて施工しなければならない。

3 受注者は、前2項に規定するほか、発注者が特に必要があると認めて設計図書において見本又は工事写真等の記録を整備すべきものと指定した工事材料の調合又は施工をするときは、設計図書に定めるところにより、当該見本又は工事写真等の記録を整備し、監督員の請求があったときは、当該請求を受けた日から〇日以内に提出しなければならない。

4 監督員は、受注者から第1項又は第2項の立会い又は見本検査を請求されたときは、当該請求を受けた日から〇日以内に応じなければならない。

5 前項の場合において、監督員が正当な理由なく受注者の請求に〇日以内に応じないため、その後の工程に支障をきたすときは、受注者は、監督員に通知した上、当該立会い又は見本検査を受けることなく、工事材料を調合して使用し、又は施工することができる。この場合において、受注者は、当該工事材料の調合又は当該施工を適切に行ったことを証する見本又は工事写真等の記録を整備し、監督員の請求があったときは、当該請求を受けた日から〇日以内に提出しなければならない。

6 第1項、第3項又は前項の場合において、見本検査又は見本若しくは工事写真等の記録の整備に直接要する費用は、受注者の負担とする。

（支給材料及び貸与品）

第15条 発注者が受注者に支給する設計に必要な物品等及び工事材料（以下「支給材料」という。）並びに貸与する設計に必要な物品等及び建設機械器具（以下「貸与品」という。）の品名、数量、品質、規格又は性能、引渡場所及び引渡時期は、設計図書に定めるところによる。

2 監督員は、支給材料又は貸与品の引渡しに当たっては、受注者の立会いの上、発注者の負担において、当該支給材料又は貸与品を検査しなければならない。この場合において、当該検査の結果、その品名、数量、品質又は規格若しくは性能が設計図書の定めと異なり、又は使用に適当でないと認めたときは、受注者は、その旨を直ちに発注者に通知しなければならない。

3　受注者は、支給材料又は貸与品の引渡しを受けたときは、引渡しの日から〇日以内に、発注者に受領書又は借用書を提出しなければならない。

4　受注者は、支給材料又は貸与品の引渡しを受けた後、当該支給材料又は貸与品に第2項の検査により発見することが困難であった隠れた瑕疵があり使用に適当でないと認めたときは、その旨を直ちに発注者に通知しなければならない。

5　発注者は、受注者から第2項後段又は前項の規定による通知を受けた場合において、必要があると認められるときは、当該支給材料若しくは貸与品に代えて他の支給材料若しくは貸与品を引き渡し、支給材料若しくは貸与品の品名、数量、品質若しくは規格若しくは性能を変更し、又は理由を明示した書面により、当該支給材料若しくは貸与品の使用を受注者に請求しなければならない。

6　発注者は、前項に規定するほか、必要があると認めるときは、支給材料又は貸与品の品名、数量、品質、規格若しくは性能、引渡場所又は引渡時期を変更することができる。

7　発注者は、前2項の場合において、必要があると認められるときは工期若しくは請負代金額を変更し、又は受注者に損害を及ぼしたときは必要な費用を負担しなければならない。

8　受注者は、支給材料及び貸与品を善良な管理者の注意をもって管理しなければならない。

9　受注者は、設計図書に定めるところにより、工事の完成、設計図書の変更等によって不用となった支給材料又は貸与品を発注者に返還しなければならない。

10　受注者は、故意又は過失により支給材料又は貸与品が滅失若しくはき損し、又はその返還が不可能となったときは、発注者の指定した期間内に代品を納め、若しくは原状に復して返還し、又は返還に代えて損害を賠償しなければならない。

11　受注者は、支給材料又は貸与品の使用方法が設計図書に明示されていないときは、監督員の指示に従わなければならない。

（工事用地の確保等）

第16条　発注者は、工事用地その他設計図書（設計成果物を除く。）において定められた施工上必要な用地（以下「工事用地等」という。）を受注者が施工上必要とする日（設計図書（設計成果物除く。）に特別の定めがあるときは、その定められた日）までに確保しなければならない。

2　受注者は、確保された工事用地等を善良な管理者の注意をもって管理しなければならない。

3　工事の完成、設計図書の変更等によって工事用地等が不用となった場合において、当該工事用地等に受注者が所有又は管理する工事材料、建設機械器具、仮設物その他の物件（下請負人の所有又は管理するこれらの物件を含む。）があるときは、受注者は、当該物件を撤去するとともに、当該工事用地等を修復し、取り片付けて、発注者に明け渡さなければならない。

4　前項の場合において、受注者が正当な理由なく、相当の期間内に当該物件を撤去せず、又は工事用地等の修復若しくは取片付けを行わないときは、発注者は、受注者に代わって当該物件を処分し、工事用地等の修復若しくは取片付けを行うことができる。この場合においては、受注者は、発注者の処分又は修復若しくは取片付けについて異議を申し出ることができず、また、発注者の処分又は修復若しくは取片付けに要した費用を負担しなければならない。

5　第3項に規定する受注者のとるべき措置の期限、方法等については、発注者が受注者の意見を聴いて定める。

（設計図書不適合の場合の改造義務及び破壊検査等）

第17条　受注者は、設計成果物の内容が、設計図書（設計成果物を除く。）の内容に適合しない場合には、これらに適合するよう必要な修補を行わなければならない。また、当該不適合が施工済みの部分に影響している場合には、その施工部分に関する必要な改造を行わなければならない。この場合において、当該不適合が監督員の指示によるときその他発注者の責めに帰すべき事由によるときは、発注者は、必要があると認められるときは工期若しくは請負代金額を変更し、又は受注者に損害を及ぼしたときは必要な費用を負担しなければならない。

2　受注者は、施工部分が設計図書に適合しない場合において、監督員がその改造を請求したときは、当該請求に従わなければならない。この場合において、当該不適合が監督員の指示によるときその他発注者の責めに帰すべき事由によるときは、発注者は、必要があると認められるときは工期若しくは請負代金額を変更し、又は受注者に損害を及ぼしたときは必要な費用を負担しなければならない。

3　監督員は、受注者が第13条第2項又は第14条第1項から第3項までの規定に違反した場合において、必要があると認められるときは、施工部分を破壊して検査することができる。

4　前項に規定するほか、監督員は、施工部分が設計図書に適合しないと認められる相当の理由がある場合において、必要があると認められるときは、当該相当の理由を受注者に通知して、施工部分を最小限度破壊して検査することができる。

5　前2項の場合において、検査及び復旧に直接要する費用は受注者の負担とする。

（条件変更等）

第18条　受注者は、工事の実施に当たり、次の各号のいずれかに該当する事実を発見したときは、その旨を直ちに監督員に通知し、その確認を請求しなければならない。

　一　図面、仕様書、数量総括表、現場説明書及び現場説明に対する質問回答書が一致しないこと（これらの優先順位が定められている場合を除く。）。
　二　設計図書（設計成果物を除く。）に誤謬又は脱漏があること。
　三　設計図書（設計成果物を除く。）の表示が明確でないこと。
　四　設計上の制約等設計図書（設計成果物を除く。）に示された自然的又は人為的な設計条件が実際と相違すること。
　五　工事現場の形状、地質、湧水等の状態、施工上の制約等設計図書（設計成果物を除く。）に示された自然的又は人為的な施工条件と実際の工事現場が一致しないこと。
　六　設計図書（設計成果物を除く。）で明示されていない設計条件又は施工条件について予期することのできない特別な状態が生じたこと。

2　監督員は、前項の規定による確認を請求されたとき又は自ら同項各号に掲げる事実を発見したときは、受注者の立会いの上、直ちに調査を行わなければならない。ただし、受注者が立会いに応じない場合には、受注者の立会いを得ずに行うことができる。

3　発注者は、受注者の意見を聴いて、調査の結果（これに対してとるべき措置を指示する必要があるときは、当該指示を含む。）をとりまとめ、調査の終了後〇日以内に、その結果を受注者に通知しなければならない。ただし、その期間内に通知できないやむを得ない理由があるときは、あらかじめ受注者の意見を聴いた上、当該期間を延長することができる。

4　前項の調査の結果において第1項の事実が確認された場合において、必要があると認められるときは、次の各号に掲げるところにより、設計図書の訂正又は変更を行わなければならない。

一　第 1 項第 1 号から第 3 号までのいずれかに該当し設計図書を訂正する必要があるもの　設計図書（設計成果物を除く。）の訂正は発注者が行い、設計成果物の変更は受注者が行う。なお、受注者が変更を行った設計成果物については発注者の承諾を得るものとする。

二　第 1 項第 4 号から第 6 号に該当し設計図書を変更する場合で工事目的物の変更を伴うもの　設計図書（設計成果物を除く。）の変更は発注者が行い、設計成果物の変更は受注者が行う。なお、受注者が変更を行った設計成果物については発注者の承諾を得るものとする。

三　第 1 項第 4 号から第 6 号に該当し設計図書を変更する場合で工事目的物の変更を伴わないもの　発注者と受注者とが協議して設計図書（設計成果物を除く。）の変更は発注者が行い、設計成果物の変更は受注者が行う。なお、受注者が変更を行った設計成果物については発注者の承諾を得るものとする。

5　前項の規定により設計図書の訂正又は変更が行われた場合において、発注者は、必要があると認められるときは工期若しくは請負代金額を変更し、又は受注者に損害を及ぼしたときは必要な費用を負担しなければならない。

（設計図書の変更）

第 19 条　発注者は、必要があると認めるときは、設計図書の変更内容を受注者に通知して、設計図書を変更することができる。この場合において、発注者は、必要があると認められるときは工期若しくは請負代金額を変更し、又は受注者に損害を及ぼしたときは必要な費用を負担しなければならない。ただし、設計図書（設計成果物を除く。）の変更は発注者が行い、設計成果物の変更は受注者が行う。なお、受注者が変更を行った設計成果物については発注者の承諾を得るものとする。

（工事の中止）

第 20 条　工事用地等の確保ができない等のため又は暴風、豪雨、洪水、高潮、地震、地すべり、落盤、火災、騒乱、暴動その他の自然的又は人為的な事象（以下「天災等」という。）であって受注者の責めに帰すことができないものにより工事目的物等に損害を生じ若しくは工事現場の状態が変動したため、受注者が施工できないと認められるときは、発注者は、施工の中止内容を直ちに受注者に通知して、施工の全部又は一部を一時中止させなければならない。

2　発注者は、前項の規定によるほか、必要があると認めるときは、工事の中止内容を受注者に通知して、工事の全部又は一部を一時中止させることができる。

3　発注者は、前 2 項の規定により工事を一時中止させた場合において、必要があると認められるときは工期若しくは請負代金額を変更し、又は受注者が施工の続行に備え工事現場を維持し若しくは労働者、建設機械器具等を保持するための費用その他の施工の一時中止に伴う増加費用を必要とし、設計の続行に備え設計の一時中止に伴う増加費用を必要とし若しくは受注者に損害を及ぼしたときは必要な費用を負担しなければならない。

（受注者の請求による工期の延長）

第 21 条　受注者は、天候の不良、第 2 条の規定に基づく関連工事の調整への協力その他受注者の責めに帰すことができない事由により工期内に工事を完成することができないときは、その理由を明示した書面により、発注者に工期の延長変更を請求することができる。

2　発注者は、前項の規定による請求があった場合において、必要があると認められるときは、

工期を延長しなければならない。発注者は、その工期の延長が発注者の責めに帰すべき事由による場合においては、請負代金額について必要と認められる変更を行い、又は受注者に損害を及ぼしたときは必要な費用を負担しなければならない。

（発注者の請求による工期の短縮等）

第22条　発注者は、特別の理由により工期を短縮する必要があるときは、工期の短縮変更を受注者に請求することができる。

2　発注者は、この約款の他の条項の規定により工期を延長すべき場合において、特別の理由があるときは、延長する工期について、通常必要とされる工期に満たない工期への変更を請求することができる。

3　発注者は、前2項の場合において、必要があると認められるときは請負代金額を変更し、又は受注者に損害を及ぼしたときは必要な費用を負担しなければならない。

（工期の変更方法）

第23条　工期の変更については、発注者と受注者とが協議して定める。ただし、協議開始の日から〇日以内に協議が整わない場合には、発注者が定め、受注者に通知する。

　［注］　〇の部分には、工期及び請負代金額を勘案して十分な協議が行えるよう留意して数字を記入する。

2　前項の協議開始の日については、発注者が受注者の意見を聴いて定め、受注者に通知するものとする。ただし、発注者が工期の変更事由が生じた日（第21条の場合にあっては発注者が工期変更の請求を受けた日、前条の場合にあっては受注者が工期変更の請求を受けた日）から〇日以内に協議開始の日を通知しない場合には、受注者は、協議開始の日を定め、発注者に通知することができる。

　［注］　〇の部分には、工期を勘案してできる限り早急に通知を行うように留意して数字を記入する。

（請負代金額の変更方法等）

第24条　請負代金額の変更については、数量の増減が著しく単価合意書の記載事項に影響があると認められる場合、設計条件又は施工条件が異なる場合、単価合意書に記載のない工種が生じた場合又は単価合意書の記載事項によることが不適当な場合で特別な理由がないときにあっては、変更時の価格を基礎として発注者と受注者とが協議して定め、その他の場合にあっては、単価合意書の記載事項を基礎として発注者と受注者とが協議して定める。ただし、協議開始の日から〇日以内に協議が整わない場合には、発注者が定め、受注者に通知する。

　［注］　〇の部分には、工期及び請負代金額を勘案して十分な協議が行えるよう留意して数字を記入する。

2　前項の協議開始の日については、発注者が受注者の意見を聴いて定め、受注者に通知するものとする。ただし、請負代金額の変更事由が生じた日から〇日以内に協議開始の日を通知しない場合には、受注者は、協議開始の日を定め、発注者に通知することができる。

　［注］　〇の部分には、工期を勘案してできる限り早急に通知を行うように留意して数字を記入する。

3　この約款の規定により、受注者が増加費用を必要とした場合又は損害を受けた場合に発注者が負担する必要な費用の額については、発注者と受注者とが協議して定める。

（賃金又は物価の変動に基づく請負代金額の変更）

第25条　発注者又は受注者は、工期内で請負契約締結の日から12月を経過した後に日本国内における賃金水準又は物価水準の変動により請負代金額が不適当となったと認めたときは、相手方に対して請負代金額の変更を請求することができる。

2　発注者又は受注者は、前項の規定による請求があったときは、変動前残工事代金額（請負代金額から当該請求時の出来形部分に相応する請負代金額を控除した額をいう。以下この条において同じ。）と変動後残工事代金額（変動後の賃金又は物価を基礎として算出した変動前残工事代金額に相応する額をいう。以下この条において同じ。）との差額のうち変動前残工事代金額の1000分の15を超える額につき、請負代金額の変更に応じなければならない。

3　変動前残工事代金額及び変動後残工事代金額は、請求のあった日を基準とし、単価合意書の記載事項及び物価指数等に基づき発注者と受注者とが協議して定める。ただし、協議開始の日から〇日以内に協議が整わない場合にあっては、発注者が定め、受注者に通知する。

　［注］　〇の部分には、工期及び請負代金額を勘案して十分な協議が行えるよう留意して数字を記入する。

4　第1項の規定による請求は、この条の規定により請負代金額の変更を行った後再度行うことができる。この場合においては、同項中「請負契約締結の日」とあるのは、「直前のこの条に基づく請負代金額変更の基準とした日」とするものとする。

5　特別な要因により工期内に主要な工事材料の日本国内における価格に著しい変動を生じ、請負代金額が不適当となったときは、発注者又は受注者は、前各項の規定によるほか、請負代金額の変更を請求することができる。

6　予期することのできない特別の事情により、工期内に日本国内において急激なインフレーション又はデフレーションを生じ、請負代金額が著しく不適当となったときは、発注者又は受注者は、前各項の規定にかかわらず、請負代金額の変更を請求することができる。

7　前2項の場合において、請負代金額の変更額については、発注者と受注者とが協議して定める。ただし、協議開始の日から〇日以内に協議が整わない場合にあっては、発注者が定め、受注者に通知する。

　［注］　〇の部分には、工期及び請負代金額を勘案して十分な協議が行えるよう留意して数字を記入する。

8　第3項及び前項の協議開始の日については、発注者が受注者の意見を聴いて定め、受注者に通知しなければならない。ただし、発注者が第1項、第5項又は第6項の請求を行った日又は受けた日から〇日以内に協議開始の日を通知しない場合には、受注者は、協議開始の日を定め、発注者に通知することができる。

　［注］　〇の部分には、工期を勘案してできる限り早急に通知を行うよう留意して数字を記入する。

（臨機の措置）

第26条　受注者は、災害防止等のため必要があると認めるときは、臨機の措置をとらなければならない。この場合において、必要があると認めるときは、受注者は、あらかじめ監督員の意見を聴かなければならない。ただし、緊急やむを得ない事情があるときは、この限りでない。

2　前項の場合においては、受注者は、そのとった措置の内容を監督員に直ちに通知しなければならない。

3　監督員は、災害防止その他工事の実施上特に必要があると認めるときは、受注者に対して臨機の措置をとることを請求することができる。

4　受注者が第1項又は前項の規定により臨機の措置をとった場合において、当該措置に要した費用のうち、受注者が請負代金額の範囲において負担することが適当でないと認められる部分については、発注者が負担する。

（一般的損害）

第27条　設計成果物及び工事目的物の引渡し前に、設計成果物、工事目的物又は工事材料について生じた損害その他工事の実施に関して生じた損害（次条第1項若しくは第2項又は第29条第1項に規定する損害を除く。）については、受注者がその費用を負担する。ただし、その損害（第51条第1項の規定により付された保険等によりてん補された部分を除く。）のうち、発注者の責めに帰すべき事由により生じたものについては、発注者が負担する。

（第三者に及ぼした損害）

第28条　工事の実施について第三者に損害を及ぼしたときは、受注者がその損害を賠償しなければならない。ただし、その損害（第51条第1項の規定により付された保険等によりてん補された部分を除く。以下本条において同じ。）のうち発注者の責めに帰すべき事由により生じたものについては、発注者が負担する。

2　前項の規定にかかわらず、工事の実施に伴い通常避けることができない騒音、振動、地盤沈下、地下水の断絶等の理由により第三者に損害を及ぼしたときは、発注者がその損害を負担しなければならない。ただし、その損害のうち受注者が善良な管理者の注意義務を怠ったことにより生じたものについては、受注者が負担する。

3　前2項の場合その他工事の実施について第三者との間に紛争を生じた場合においては、発注者及び受注者は協力してその処理解決に当たるものとする。

（不可抗力による損害）

第29条　設計成果物及び工事目的物の引渡し前に、天災等（設計図書（設計成果物を除く。）で基準を定めたものにあっては、当該基準を超えるものに限る。）で発注者と受注者のいずれの責めにも帰すことができないもの（以下この条において「不可抗力」という。）により、設計成果物、工事目的物、仮設物又は工事現場に搬入済みの調査機械器具、工事材料若しくは建設機械器具に損害が生じたときは、受注者は、その事実の発生後直ちにその状況を発注者に通知しなければならない。

2　発注者は、前項の規定による通知を受けたときは、直ちに調査を行い、同項の損害（受注者が善良な管理者の注意義務を怠ったことに基づくもの及び第51条第1項の規定により付された保険等によりてん補された部分を除く。以下この条において「損害」という。）の状況を確認し、その結果を受注者に通知しなければならない。

3　受注者は、前項の規定により損害の状況が確認されたときは、損害による費用の負担を発注者に請求することができる。

4　発注者は、前項の規定により受注者から損害による費用の負担の請求があったときは、当該損害の額（設計成果物、工事目的物、仮設物又は工事現場に搬入済みの調査機械器具、工事材料若しくは建設機械器具であって第13条第2項、第14条第1項若しくは第2項又は第37条第3項の規定による検査、立会いその他受注者の工事に関する記録等により確認することができるものに係る額に限る。）及び当該損害の取片付けに要する費用の額の合計額（第6項において「損害合計額」という。）のうち請負代金額の100分の1を超える額を負担しなければならない。

5　損害の額は、次に掲げる損害につき、それぞれ当該各号に定めるところにより、単価合意書の記載事項に基づき算定し、単価合意書の記載事項に基づき算定することが不適当な場合には、発注者が算定する。

　　一　設計成果物又は工事目的物に関する損害

損害を受けた設計成果物又は工事目的物に相応する請負代金額とし、残存価値がある場合にはその評価額を差し引いた額とする。

二　工事材料に関する損害

損害を受けた工事材料で通常妥当と認められるものに相応する請負代金額とし、残存価値がある場合にはその評価額を差し引いた額とする。

三　仮設物、調査機械器具又は建設機械器具に関する損害

損害を受けた仮設物、調査機械器具又は建設機械器具で通常妥当と認められるものについて、当該工事で償却することとしている償却費の額から損害を受けた時点における設計成果物又は工事目的物に相応する償却費の額を差し引いた額とする。ただし、修繕によりその機能を回復することができ、かつ、修繕費の額が上記の額より少額であるものについては、その修繕費の額とする。

6　数次にわたる不可抗力により損害合計額が累積した場合における第2次以降の不可抗力による損害合計額の負担については、第4項中「当該損害の額」とあるのは「損害の額の累計」と、「当該損害の取片付けに要する費用の額」とあるのは「損害の取片付けに要する費用の額の累計」と、「請負代金額の100分の1を超える額」とあるのは「請負代金額の100分の1を超える額から既に負担した額を差し引いた額」として同項を適用する。

（請負代金額の変更に代える設計図書の変更）

第30条　発注者は、第8条、第15条、第17条から第22条まで、第25条から第27条まで、前条又は第33条の規定により請負代金額を増額すべき場合又は費用を負担すべき場合において、特別の理由があるときは、請負代金額の増額又は負担額の全部又は一部に代えて設計図書を変更することができる。この場合において、設計図書の変更内容は、発注者と受注者とが協議して定める。ただし、協議開始の日から〇日以内に協議が整わない場合には、発注者が定め、受注者に通知する。

　　［注］　〇の部分には、工期及び請負代金額を勘案して十分な協議が行えるよう留意して数字を記入する。

2　前項の協議開始の日については、発注者が受注者の意見を聴いて定め、受注者に通知しなければならない。ただし、発注者が請負代金額を増額すべき事由又は費用を負担すべき事由が生じた日から〇日以内に協議開始の日を通知しない場合には、受注者は、協議開始の日を定め、発注者に通知することができる。

　　［注］　〇の部分には、工期を勘案してできる限り早急に通知を行うよう留意して数字を記入する。

（検査及び引渡し）

第31条　受注者は、工事を完成したときは、その旨を発注者に通知しなければならない。

2　発注者は、前項の規定による通知を受けたときは、通知を受けた日から14日以内に受注者の立会いの上、設計図書に定めるところにより、工事の完成を確認するための検査を完了し、当該検査の結果を受注者に通知しなければならない。この場合において、発注者は、必要があると認められるときは、その理由を受注者に通知して、工事目的物を最小限度破壊して検査することができる。

3　前項の場合において、検査又は復旧に直接要する費用は、受注者の負担とする。

4　発注者は、第2項の検査によって工事の完成を確認した後、受注者が設計成果物及び工事目的物の引渡しを申し出たときは、直ちに当該設計成果物及び工事目的物の引渡しを受けなけれ

ばならない。
5 発注者は、受注者が前項の申出を行わないときは、当該設計成果物及び工事目的物の引渡しを請負代金の支払いの完了と同時に行うことを請求することができる。この場合においては、受注者は、当該請求に直ちに応じなければならない。
6 受注者は、工事が第2項の検査に合格しないときは、直ちに修補して発注者の検査を受けなければならない。この場合においては、修補の完了を工事の完成とみなして前5項の規定を適用する。

（請負代金の支払）
第32条 受注者は、前条第2項（同条第6項後段の規定により適用される場合を含む。第3項において同じ。）の検査に合格したときは、請負代金の支払いを請求することができる。
2 発注者は、前項の規定による請求があったときは、請求を受けた日から40日以内に請負代金を支払わなければならない。
3 発注者がその責めに帰すべき事由により前条第2項の期間内に検査をしないときは、その期限を経過した日から検査をした日までの期間の日数は、前項の期間（以下この項において「約定期間」という。）の日数から差し引くものとする。この場合において、その遅延日数が約定期間の日数を超えるときは、約定期間は、遅延日数が約定期間の日数を超えた日において満了したものとみなす。

（部分使用）
第33条 発注者は、第31条第4項又は第5項の規定による引渡し前においても、工事目的物の全部又は一部を受注者の承諾を得て使用することができる。
2 前項の場合においては、発注者は、その使用部分を善良な管理者の注意をもって使用しなければならない。
3 発注者は、第1項の規定により工事目的物の全部又は一部を使用したことによって受注者に損害を及ぼしたときは、必要な費用を負担しなければならない。

（前金払及び中間前金払）
第34条（A） 受注者は、公共工事の前払金保証事業に関する法律（昭和27年法律第184号）第2条第4項に規定する保証事業会社（以下「保証事業会社」という。）と、契約書記載の工事完成の時期を保証期限とする同条第5項に規定する保証契約（以下「保証契約」という。）を締結し、その保証証書を発注者に寄託して、請負代金額の10分の〇（設計に係る前払金は10分の〇）以内の前払金の支払いを発注者に請求することができる。
　［注］　受注者の資金需要に適切に対応する観点から、（A）の使用を推奨する。
　　　　〇の部分には、たとえば、4（括弧書きの部分には、たとえば、3）と記入する。
2 発注者は、前項の規定による請求があったときは、請求を受けた日から14日以内に前払金を支払わなければならない。
3 受注者は、第1項の規定により前払金の支払いを受けた後、保証事業会社と中間前払金に関する保証契約を締結し、その保証証書を発注者に寄託して、請負代金額のうち設計に係る部分を除いた10分の〇以内の中間前払金の支払いを発注者に請求することができる。
　［注］　〇の部分には、たとえば、2と記入する。
4 第2項の規定は、前項の場合について準用する。

5　受注者は、請負代金額が著しく増額された場合においては、その増額後の請負代金額の10分の○（第3項の規定により中間前払金の支払いを受けているときは10分の○、設計に係る部分は10分の○）から受領済みの前払金額（中間前払金の支払いを受けているときは、中間前払金額を含む。次項及び次条において同じ。）を差し引いた額に相当する額の範囲内で前払金（中間前払金の支払いを受けているときは、中間前払金を含む。以下この条から第36条までにおいて同じ。）の支払いを請求することができる。この場合においては、第2項の規定を準用する。

　　［注］　○の部分には、たとえば、4（括弧書きの部分には、たとえば、6及び3）と記入する。

6　受注者は、請負代金額が著しく減額された場合において、受領済みの前払金額が減額後の請負代金額の10分の○（第3項の規定により中間前払金の支払いを受けているときは10分の○、設計に係る部分は10分の○）を超えるときは、受注者は、請負代金額が減額された日から30日以内にその超過額を返還しなければならない。

　　［注］　○の部分には、たとえば、5（括弧書きの部分には、たとえば、6及び4）と記入する。

7　前項の超過額が相当の額に達し、返還することが前払金の使用状況からみて、著しく不適当であると認められるときは、発注者と受注者とが協議して返還すべき超過額を定める。ただし、請負代金額が減額された日から○日以内に協議が整わない場合には、発注者が定め、受注者に通知する。

　　［注］　○の部分には、30未満の数字を記入する。

8　発注者は、受注者が第6項の期間内に超過額を返還しなかったときは、その未返還額につき、同項の期間を経過した日から返還をする日までの期間について、その日数に応じ、年○パーセントの割合で計算した額の遅延利息の支払いを請求することができる。

　　［注］　○の部分には、たとえば、政府契約の支払遅延防止等に関する法律第8条の規定により財務大臣が定める率を記入する。

第34条（B）　受注者は、公共工事の前払金保証事業に関する法律（昭和27年法律第184号）第2条第4項に規定する保証事業会社（以下「保証事業会社」という。）と、契約書記載の工事完成の時期を保証期限とする同条第5項に規定する保証契約（以下「保証契約」という。）を締結し、その保証証書を発注者に寄託して、請負代金額の10分の○（設計に係る前払金は10分の○）以内の前払金の支払いを発注者に請求することができる。

　　［注］　○の部分には、たとえば、4（括弧書きの部分には、たとえば、3）と記入する。

2　発注者は、前項の規定による請求があったときは、請求を受けた日から14日以内に前払金を支払わなければならない。

3　受注者は、請負代金額が著しく増額された場合においては、その増額後の請負代金額の10分の○（設計に係る部分は10分の○）から受領済みの前払金額を差し引いた額に相当する額の範囲内で前払金の支払いを請求することができる。この場合においては、前項の規定を準用する。

　　［注］　○の部分には、たとえば、4（括弧書きの部分には、たとえば、3）と記入する。

4　受注者は、請負代金額が著しく減額された場合において、受領済みの前払金額が減額後の請負代金額の10の○（設計に係る部分は10分の○）を超えるときは、受注者は、請負代金額が減額された日から30日以内にその超過額を返還しなければならない。

　　［注］　○の部分には、たとえば、5（括弧書きの部分には、たとえば、4）と記入する。

5　前項の超過額が相当の額に達し、返還することが前払金の使用状況からみて著しく不適当で

あると認められるときは、発注者と受注者が協議して返還すべき超過額を定める。ただし、請負代金額が減額された日から〇日以内に協議が整わない場合には、発注者が定め、受注者に通知する。

　　［注］　〇の部分には、30未満の数字を記入する。

6　発注者は、受注者が第4項の期間内に超過額を返還しなかったときは、その未返還額につき、同項の期間を経過した日から返還をする日までの期間について、その日数に応じ、年〇パーセントの割合で計算した額の遅延利息の支払いを請求することができる。

　　［注］　〇の部分には、たとえば、政府契約の支払遅延防止等に関する法律第8条の規定により財務大臣が定める率を記入する。

（保証契約の変更）

第35条　受注者は、前条第〇項の規定により受領済みの前払金に追加してさらに前払金の支払いを請求する場合には、あらかじめ、保証契約を変更し、変更後の保証証書を発注者に寄託しなければならない。

　　［注］　〇の部分には、第34条（A）を使用する場合は5と、第34条（B）を使用する場合は3と記入する。

2　受注者は、前項に定める場合のほか、請負代金額が減額された場合において、保証契約を変更したときは、変更後の保証証書を直ちに発注者に寄託しなければならない。

3　受注者は、前払金額の変更を伴わない工期の変更が行われた場合には、発注者に代わりその旨を保証事業会社に直ちに通知するものとする。

　　［注］　第3項は、発注者が保証事業会社に対する工期変更の通知を受注者に代理させる場合に使用する。

（前払金の使用等）

第36条　受注者は、前払金をこの工事の材料費、労務費、外注費（設計に係る部分に限る。）、機械器具の賃借料（施工に係る部分に限る。）、機械購入費（この工事において償却される割合に相当する額に限る。）、動力費、支払運賃、修繕費（施工に係る部分に限る。）、仮設費（施工に係る部分に限る。）、労働者災害補償保険料（施工に係る部分に限る。）及び保証料に相当する額として必要な経費以外の支払いに充当してはならない。

（部分払）

第37条　受注者は、工事の完成前に、設計を完了した部分又は施工の出来形部分並びに工事現場に搬入済みの工事材料［及び製造工場等にある工場製品］（第13条第2項の規定により監督員の検査を要するものにあっては当該検査に合格したもの、監督員の検査を要しないものにあっては設計図書で部分払の対象とすることを指定したものに限る。）に相応する請負代金相当額の10分の〇以内の額について、次項から第7項までに定めるところにより部分払を請求することができる。ただし、この請求は、工期中〇回を超えることができない。

　　［注］　部分払の対象とすべき工場製品がないときは、［　］の部分を削除する。

　　　　　「10分の〇」の〇の部分には、たとえば、9と記入する。「〇回」の〇の部分には、工期及び請負代金額を勘案して妥当と認められる数字を記入する。

2　受注者は、部分払を請求しようとするときは、あらかじめ、当該請求に係る設計を完了した部分、施工の出来形部分又は工事現場に搬入済みの工事材料［若しくは製造工場等にある工場製品］の確認を発注者に請求しなければならない。

　　［注］　部分払の対象とすべき工場製品がないときは、［　］の部分を削除する。

3 　発注者は、前項の場合において、当該請求を受けた日から14日以内に、受注者の立会いの上、設計図書に定めるところにより、同項の確認をするための検査を行い、当該確認の結果を受注者に通知しなければならない。この場合において、発注者は、必要があると認められるときは、その理由を受注者に通知して、出来形部分を最小限度破壊して検査することができる。

4 　前項の場合において、検査又は復旧に直接要する費用は、受注者の負担とする。

5 　受注者は、第3項の規定による確認があったときは、部分払を請求することができる。この場合においては、発注者は、当該請求を受けた日から14日以内に部分払金を支払わなければならない。

6 　部分払金の額は、次の式により算定する。この場合において第1項の請負代金相当額は、単価合意書の記載事項により定め、単価合意書の記載事項により定めることが不適当な場合には、発注者と受注者とが協議して定める。ただし、発注者が第3項前段の通知をした日から○日以内に協議が整わない場合には、発注者が定め、受注者に通知する。

部分払金の額≦第1項の請負代金相当額×（○／10－前払金額／請負代金額）

　［注］　「○日」の○の部分には、14未満の数字を記入する。「○／10」の○の部分には、第1項の「10分の○」の○の部分と同じ数字を記入する。

7 　第5項の規定により部分払金の支払いがあった後、再度部分払の請求をする場合においては、第1項及び前項中「請負代金相当額」とあるのは「請負代金相当額から既に部分払の対象となった請負代金相当額を控除した額」とするものとする。

（部分引渡し）

第38条　設計成果物及び工事目的物について、発注者が設計図書において工事の完成に先だって引渡しを受けるべきことを指定した部分（以下「指定部分」という。）がある場合において、当該指定部分の工事が完了したときについては、第31条中「工事」とあるのは「指定部分に係る工事」と、「設計成果物及び工事目的物」とあるのは「指定部分に係る設計成果物及び工事目的物」と、同条第5項及び第32条中「請負代金」とあるのは「部分引渡しに係る請負代金」と読み替えて、これらの規定を準用する。

2 　前項の規定により準用される第32条第1項の規定により請求することができる部分引渡しに係る請負代金の額は、次の式により算定する。この場合において、指定部分に相応する請負代金の額は、単価合意書の記載事項により定め、単価合意書の記載事項により算定することが不適当な場合には、発注者と受注者とが協議して定める。ただし、発注者が前項の規定により準用される第31条第2項の検査の結果の通知をした日から○日以内に協議が整わない場合には、発注者が定め、受注者に通知する。

部分引渡しに係る請負代金の額＝指定部分に相応する請負代金の額
　　　　　　　　　　　　　　　　×（1－前払金額／請負代金額）

　［注］　○の部分には、工期及び請負代金額を勘案して十分な協議が行えるように留意して数字を記入する。

（債務負担行為に係る契約の特則）

第39条　債務負担行為に係る契約において、各会計年度における請負代金の支払いの限度額（以下「支払限度額」という。）は、次のとおりとする。

　　　　　年　度　　　　　　　円
　　　　　年　度　　　　　　　円

　　　　　　　年　度　　　　　　円
2　支払限度額に対応する各会計年度の出来高予定額は、次のとおりである。
　　　　　　　年　度　　　　　　円
　　　　　　　年　度　　　　　　円
　　　　　　　年　度　　　　　　円
3　発注者は、予算上の都合その他の必要があるときは、第1項の支払限度額及び前項の出来高予定額を変更することができる。

（債務負担行為に係る契約の前金払［及び中間前払金］の特則）

第40条　債務負担行為に係る契約の前金払［及び中間前払金］については、第34条中「契約書記載の工事完成の時期」とあるのは「契約書記載の工事完成の時期（最終の会計年度以外の会計年度にあっては、各会計年度末）」と、同条及び第35条中「請負代金額」とあるのは「当該会計年度の出来高予定額（前会計年度末における第37条第1項の請負代金相当額（以下この条及び次条において「請負代金相当額」という。）が前会計年度までの出来高予定額を超えた場合において、当該会計年度の当初に部分払をしたときは、当該超過額を控除した額）」と読み替えて、これらの規定を準用する。ただし、この契約を締結した会計年度（以下「契約会計年度」という。）以外の会計年度においては、受注者は、予算の執行が可能となる時期以前に前払金［及び中間前払金］の支払いを請求することはできない。

2　前項の場合において、契約会計年度について前払金［及び中間前払金］を支払わない旨が設計図書（設計成果物を除く。）に定められているときには、同項の規定により準用される第34条第1項［及び第3項］の規定にかかわらず、受注者は、契約会計年度について前払金［及び中間前払金］の支払いを請求することができない。

3　第1項の場合において、契約会計年度に翌会計年度分の前払金［及び中間前払金］を含めて支払う旨が設計図書（設計成果物を除く。）に定められているときには、同項の規定により準用される第34条第1項の規定にかかわらず、受注者は、契約会計年度に翌会計年度に支払うべき前払金相当分［及び中間前払金相当分］（　　　　円以内）を含めて前払金［及び中間前払金］の支払いを請求することができる。

4　第1項の場合において、前会計年度末における請負代金相当額が前会計年度までの出来高予定額に達しないときには、同項の規定により準用される第34条第1項の規定にかかわらず、受注者は、請負代金相当額が前会計年度までの出来高予定額に達するまで当該会計年度の前払金［及び中間前払金］の支払いを請求することができない。

5　第1項の場合において、前会計年度末における請負代金相当額が前会計年度までの出来高予定額に達しないときには、その額が当該出来高予定額に達するまで前払金［及び中間前払金］の保証期限を延長するものとする。この場合においては、第35条第3項の規定を準用する。
　　［注］　［　］の部分は、第34条（B）を使用する場合には削除する。

（債務負担行為に係る契約の部分払の特則）

第41条　債務負担行為に係る契約において、前会計年度末における請負代金相当額が前会計年度までの出来高予定額を超えた場合においては、受注者は、当該会計年度の当初に当該超過額（以下「出来高超過額」という。）について部分払を請求することができる。ただし、契約会計年度以外の会計年度においては、受注者は、予算の執行が可能となる時期以前に部分払の支払いを

請求することはできない。

2　この契約において、前払金［及び中間前払金］の支払いを受けている場合の部分払金の額については、第37条第6項及び第7項の規定にかかわらず、次の式により算定する。

　　［注］　　［　］の部分は、第34条（B）を使用する場合には削除する。

　　（a）　部分払金の額≦請負代金相当額×〇／10－前会計年度までの支払金額－（請負代金相当額－前会計年度までの出来高予定額）×（当該会計年度前払金額＋当該会計年度の中間前払金額）／当該会計年度の出来高予定額

　　［注］　　（a）は、中間前払金を選択した場合に使用する。

　　　　　　〇の部分には、第37条第1項の「10分の〇」の〇の部分と同じ数字を記入する。

　　（b）　部分払金の額≦請負代金相当額×〇／10－（前会計年度までの支払金額＋当該会計年度の部分払金額）－｛請負代金相当額－（前会計年度までの出来高予定額＋出来高超過額）｝×当該会計年度前払金額／当該会計年度の出来高予定額

　　［注］　　〇の部分には、第37条第1項の「10分の〇」の〇の部分と同じ数字を記入する。

3　各会計年度において、部分払を請求できる回数は、次のとおりとする。

　　　　　　年　度　　　　　　　回
　　　　　　年　度　　　　　　　回
　　　　　　年　度　　　　　　　回

（第三者による代理受領）

第42条　受注者は、発注者の承諾を得て請負代金の全部又は一部の受領につき、第三者を代理人とすることができる。

2　発注者は、前項の規定により受注者が第三者を代理人とした場合において、受注者の提出する支払請求書に当該第三者が受注者の代理人である旨の明記がなされているときは、当該第三者に対して第32条（第38条において準用する場合を含む。）又は第37条の規定に基づく支払いをしなければならない。

（前払金等の不払に対する工事中止）

第43条　受注者は、発注者が第34条、第37条又は第38条において準用される第32条の規定に基づく支払いを遅延し、相当の期間を定めてその支払いを請求したにもかかわらず支払いをしないときは、工事の全部又は一部の実施を一時中止することができる。この場合においては、受注者は、その理由を明示した書面により、直ちにその旨を発注者に通知しなければならない。

2　発注者は、前項の規定により受注者が工事の実施を中止した場合において、必要があると認められるときは工期若しくは請負代金額を変更し、又は受注者が工事の続行に備え工事現場を維持し若しくは労働者、建設機械器具等を保持するための費用その他の工事の実施の一時中止に伴う増加費用を必要とし若しくは受注者に損害を及ぼしたときは必要な費用を負担しなければならない。

（瑕疵担保）

第44条　発注者は、設計成果物又は工事目的物に瑕疵があるときは、受注者に対して相当の期間を定めてその瑕疵の修補を請求し、又は修補に代え若しくは修補とともに損害の賠償を請求することができる。ただし、瑕疵が重要ではなく、かつ、その修補に過分の費用を要するときは、発注者は、修補を請求することができない。

2　前項の規定による瑕疵の修補又は損害賠償の請求は、第31条第4項又は第5項（第38条において これらの規定を準用する場合を含む。）の規定による工事目的物の引渡しを受けた日から〇年以内に行わなければならない。ただし、その瑕疵が受注者の故意又は重大な過失により生じた場合には、当該請求を行うことのできる期間は〇年とする。

　［注］　本文の〇の部分には、原則として、2を記入する。ただし書の〇の部分には、たとえば、10と記入する。

3　発注者は、設計成果物又は工事目的物の引渡しの際に瑕疵があることを知ったときは、第1項の規定にかかわらず、その旨を直ちに受注者に通知しなければ、当該瑕疵の修補又は損害賠償の請求をすることはできない。ただし、受注者がその瑕疵があることを知っていたときは、この限りでない。

4　発注者は、工事目的物が第1項の瑕疵により滅失又はき損したときは、第2項に定める期間内で、かつ、その滅失又はき損の日から6月以内に第1項の権利を行使しなければならない。

5　第1項の規定は、設計成果物又は工事目的物の瑕疵が設計図書（設計成果物を除く。）の記載内容、支給材料の性質、貸与品の性状又は発注者若しくは監督員の指図により生じたものであるときは適用しない。ただし、受注者がその設計図書（設計成果物を除く。）の記載、材料、貸与品又は指図の不適当であることを知りながらこれを通知しなかったときは、この限りでない。

（履行遅滞の場合における損害金等）

第45条　受注者の責めに帰すべき事由により工期内に工事を完成することができない場合においては、発注者は、損害金の支払いを受注者に請求することができる。

2（A）　前項の損害金の額は、請負代金額から出来形部分に相応する請負代金額を控除した額につき、遅延日数に応じ、年〇パーセントの割合で計算した額とする。

　［注］　〇の部分には、たとえば、政府契約の支払遅延防止等に関する法律第8条の規定により財務大臣が定める率を記入する。

2（B）　前項の損害金の額は、請負代金額から部分引渡しを受けた部分に相応する請負代金額を控除した額につき、遅延日数に応じ、年〇パーセントの割合で計算した額とする。

　［注］　(B)は、発注者が工事の遅延による著しい損害を受けることがあらかじめ予想される場合に使用する。
　　　　〇の部分には、たとえば、政府契約の支払遅延防止等に関する法律第8条の規定により財務大臣が定める率を記入する。

3　発注者の責めに帰すべき事由により、第32条第2項（第38条において準用する場合を含む。）の規定による請負代金の支払いが遅れた場合においては、受注者は、未受領金額につき、遅延日数に応じ、年〇パーセントの割合で計算した額の遅延利息の支払いを発注者に請求することができる。

　［注］　〇の部分には、たとえば、政府契約の支払遅延防止等に関する法律第8条の規定により財務大臣が定める率を記入する。

（公共工事履行保証証券による保証の請求）

第46条　第4条第1項の規定によりこの契約による債務の履行を保証する公共工事履行保証証券による保証が付された場合において、受注者が次条第1項各号のいずれかに該当するときは、発注者は、当該公共工事履行保証証券の規定に基づき、保証人に対して、他の建設業者を選定し、工事を完成させるよう請求することができる。

2 受注者は、前項の規定により保証人が選定し発注者が適当と認めた建設業者（以下この条において「代替履行業者」という。）から発注者に対して、この契約に基づく次の各号に定める受注者の権利及び義務を承継する旨の通知が行われた場合には、代替履行業者に対して当該権利及び義務を承継させる。
　一　請負代金債権（前払金［若しくは中間前払金］、部分払金又は部分引渡しに係る請負代金として受注者に既に支払われたものを除く。）
　二　工事完成債務
　三　瑕疵担保債務（受注者が施工した出来形部分の瑕疵に係るものを除く。）
　四　解除権
　五　その他この契約に係る一切の権利及び義務（第28条の規定により受注者が施工した工事に関して生じた第三者への損害賠償債務を除く。）
［注］　［　］の部分は、第34条(B)を使用する場合には削除する。
3 発注者は、前項の通知を代替履行業者から受けた場合には、代替履行業者が同項各号に規定する受注者の権利及び義務を承継することを承諾する。
4 第1項の規定による発注者の請求があった場合において、当該公共工事履行保証証券の規定に基づき、保証人から保証金が支払われたときには、この契約に基づいて発注者に対して受注者が負担する損害賠償債務その他の費用の負担に係る債務（当該保証金の支払われた後に生じる違約金等を含む。）は、当該保証金の額を限度として、消滅する。

（発注者の解除権）
第47条　発注者は、受注者が次の各号のいずれかに該当するときは、この契約を解除することができる。
　一　正当な理由なく、工事に着手すべき期日を過ぎても工事に着手しないとき。
　二　その責めに帰すべき事由により工期内に完成しないとき又は工期経過後相当の期間内に工事を完成する見込みが明らかにないと認められるとき。
　三　第10条第1項第2号、第10条の2及び3に掲げる者を設置しなかったとき。
　四　前3号に掲げる場合のほか、この契約に違反し、その違反によりこの契約の目的を達することができないと認められるとき。
　五　第49条第1項の規定によらないでこの契約の解除を申し出たとき。
　六　受注者（受注者が共同企業体であるときは、その構成員のいずれかの者。以下この号において同じ。）が次のいずれかに該当するとき。
　　　イ　役員等（受注者が個人である場合にはその者を、受注者が法人である場合にはその役員又はその支店若しくは常時建設工事の請負契約を締結する事務所の代表者をいう。以下この号において同じ。）が暴力団員による不当な行為の防止等に関する法律（平成3年法律第77号。以下「暴力団対策法」という。）第2条第6号に規定する暴力団員（以下この号において「暴力団員」という。）であると認められるとき。
　　　ロ　暴力団（暴力団対策法第2条第2号に規定する暴力団をいう。以下この号において同じ。）又は暴力団員が経営に実質的に関与していると認められるとき。
　　　ハ　役員等が自己、自社若しくは第三者の不正の利益を図る目的又は第三者に損害を加える目的をもって、暴力団又は暴力団員を利用するなどしたと認められるとき。

ニ　役員等が、暴力団又は暴力団員に対して資金等を供給し、又は便宜を供与するなど直接的あるいは積極的に暴力団の維持、運営に協力し、若しくは関与していると認められるとき。

ホ　役員等が暴力団又は暴力団員と社会的に非難されるべき関係を有していると認められるとき。

ヘ　下請契約（設計の委託契約を含む。）又は資材、原材料の購入契約その他の契約にあたり、その相手方がイからホまでのいずれかに該当することを知りながら、当該者と契約を締結したと認められるとき。

ト　受注者が、イからホまでのいずれかに該当する者を下請契約（設計の委託契約を含む。）又は資材、原材料の購入契約その他の契約の相手方としていた場合（ヘに該当する場合を除く。）に、発注者が受注者に対して当該契約の解除を求め、受注者がこれに従わなかったとき。

2　前項の規定によりこの契約が解除された場合においては、受注者は、請負代金額の10分の○に相当する額を違約金として発注者の指定する期間内に支払わなければならない。

［注］　○の部分には、たとえば、1と記入する。

3　第1項第1号から第5号までの規定により、この契約が解除された場合において、第4条の規定により契約保証金の納付又はこれに代わる担保の提供が行われているときは、発注者は、当該契約保証金又は担保をもって前項の違約金に充当することができる。

［注］　第3項は、第4条（A）を使用する場合に使用する。

第48条　発注者は、工事が完成するまでの間は、前条第1項の規定によるほか、必要があるときは、この契約を解除することができる。

2　発注者は、前項の規定によりこの契約を解除したことにより受注者に損害を及ぼしたときは、その損害を賠償しなければならない。

（受注者の解除権）

第49条　受注者は、次の各号のいずれかに該当するときは、この契約を解除することができる。

一　第19条の規定により設計図書（設計成果物を除く。）を変更したため請負代金額が3分の2以上減少したとき。

二　第20条の規定による工事の中止期間が工期の10分の○（工期の10分の○が○月を超えるときは、○月）を超えたとき。ただし、中止が工事の一部のみの場合は、その一部を除いた他の部分の工事が完了した後○月を経過しても、なおその中止が解除されないとき。

三　発注者がこの契約に違反し、その違反によってこの契約の履行が不可能となったとき。

2　受注者は、前項の規定によりこの契約を解除した場合において、損害があるときは、その損害の賠償を発注者に請求することができる。

（解除の効果）

第49条の2　施工着手前に、契約が解除された場合には、第1条第3項に規定する発注者及び受注者の義務は消滅する。ただし、第38条に規定する部分引渡しに係る部分については、この限りではない。

2　発注者は、前項の規定にかかわらず、この契約が解除された場合において、設計の既履行部分の引渡しを受ける必要があると認めたときは、既履行部分を検査の上、当該検査に合格した

部分の引渡しを受けることができる。この場合において、発注者は、当該引渡しを受けた既履行部分に相応する設計費（以下「既履行部分設計費」という。）を受注者に支払わなければならない。

3　前項に規定する既履行部分設計費は、発注者と受注者とが協議して定める。ただし、協議開始の日から〇日以内に協議が整わない場合には、発注者が定め、受注者に通知する。

（解除に伴う措置）

第50条　発注者は、この契約が解除された場合においては、施工の出来形部分を検査の上、当該検査に合格した部分及び部分払の対象となった工事材料の引渡しを受けるものとし、当該引渡しを受けたときは、当該引渡しを受けた出来形部分に相応する請負代金を受注者に支払わなければならない。この場合において、発注者は、必要があると認められるときは、その理由を受注者に通知して、出来形部分を最小限度破壊して検査することができる。

2　前項の場合において、検査又は復旧に直接要する費用は、受注者の負担とする。

3　第1項の場合において、第34条（第40条において準用する場合を含む。）の規定による前払金［又は中間前払金］があったときは、当該前払金［及び中間前払金］の額（第37条及び第41条の規定による部分払をしているときは、その部分払において償却した前払金［及び中間前払金］の額を控除した額）を同項前段の出来形部分に相応する請負代金額から控除する。この場合において、受領済みの前払金額［及び中間前払金の額］になお余剰があるときは、受注者は、解除が第47条の規定によるときにあっては、その余剰額に前払金［又は中間前払金］の支払いの日から返還の日までの日数に応じ年〇パーセントの割合で計算した額の利息を付した額を、解除が第48条又は第49条の規定によるときにあっては、その余剰額を発注者に返還しなければならない。

　　［注］　［　］の部分は、第34条（B）を使用する場合には削除する。

　　　　　〇の部分には、たとえば、政府契約の支払遅延防止等に関する法律第8条の規定により財務大臣が定める率を記入する。

4　受注者は、この契約が解除された場合において、支給材料があるときは、第1項の出来形部分の検査に合格した部分に使用されているものを除き、発注者に返還しなければならない。この場合において、当該支給材料が受注者の故意若しくは過失により滅失若しくはき損したとき、又は出来形部分の検査に合格しなかった部分に使用されているときは、代品を納め、若しくは原状に復して返還し、又は返還に代えてその損害を賠償しなければならない。

5　受注者は、この契約が解除された場合において、貸与品があるときは、当該貸与品を発注者に返還しなければならない。この場合において、当該貸与品が受注者の故意又は過失により滅失又はき損したときは、代品を納め、若しくは原状に復して返還し、又は返還に代えてその損害を賠償しなければならない。

6　受注者は、この契約が解除された場合において、工事用地等に受注者が所有又は管理する設計の出来形部分（第38条第1項に規定する部分引渡しに係る部分及び前条第2項に規定する検査に合格した既履行部分を除く。）、調査機械器具、工事材料、建設機械器具、仮設物その他の物件（下請負人の所有又は管理するこれらの物件を含む。）があるときは、受注者は、当該物件を撤去するとともに、工事用地等を修復し、取り片付けて、発注者に明け渡さなければならない。

7　前項の場合において、受注者が正当な理由なく、相当の期間内に当該物件を撤去せず、又は工事用地等の修復若しくは取片付けを行わないときは、発注者は、受注者に代わって当該物件を処分し、工事用地等を修復若しくは取片付けを行うことができる。この場合においては、受注者は、発注者の処分又は修復若しくは取片付けについて異議を申し出ることができず、また、発注者の処分又は修復若しくは取片付けに要した費用を負担しなければならない。

8　第4項前段及び第5項前段に規定する受注者のとるべき措置の期限、方法等については、この契約の解除が第47条の規定によるときは発注者が定め、第48条又は第49条の規定によるときは受注者が発注者の意見を聴いて定めるものとし、第4項後段、第5項後段及び第6項に規定する受注者のとるべき措置の期限、方法等については、発注者が受注者の意見を聴いて定めるものとする。

9　この契約が解除された場合において、設計に関して第34条（第38条第1項において準用する場合を含む。）の規定による前払金［又は中間前払金］があったときは、受注者は、第47条の規定による解除にあっては、当該前払金の額［及び中間前払金の額］（第38条第1項の規定により部分引渡しをしているときは、その部分引渡しにおいて償却した前払金の額［及び中間前払金の額］を控除した額）に当該前払金［又は中間前払金］の支払いの日から返還の日までの日数に応じ年〇パーセントの割合で計算した額の利息を付した額を、第48条又は第49条の規定による解除にあっては、当該前払金の額［及び中間前払金の額］を発注者に返還しなければならない。

［注］　［　］の部分は、第34条（B）を使用する場合には削除する。

　　　　〇の部分には、たとえば、政府契約の支払遅延防止等に関する法律第8条の規定により財務大臣が定める率を記入する。

10　前項の規定にかかわらず、この契約が解除され、かつ、第49条の2第2項の規定により既履行部分の引渡しが行われる場合において、第34条（第38条第1項において準用する場合を含む。）の規定による前払金［又は中間前払金］があったときは、発注者は、当該前払金の額［及び中間前払金の額］（第38条第1項の規定による部分引渡しがあった場合は、その部分引渡しにおいて償却した前払金の額［及び中間前払金の額］を控除した額）を前条第3項の規定により定められた既履行部分委託料から控除する。この場合において、受領済みの前払金［及び中間前払金］になお余剰があるときは、受注者は、第42条の規定による解除にあっては、当該余剰額に前払金［又は中間前払金］の支払いの日から返還の日までの日数に応じ年〇パーセントの割合で計算した額の利息を付した額を、第48条又は第49条の規定による解除にあっては、当該余剰額を発注者に返還しなければならない。

［注］　〇の部分には、たとえば、政府契約の支払遅延防止等に関する法律第8条の規定により財務大臣が定める率を記入する。

（火災保険等）

第51条　受注者は、工事目的物及び工事材料（支給材料を含む。以下この条において同じ。）等を設計図書（設計成果物を除く。）に定めるところにより火災保険、建設工事保険その他の保険（これに準ずるものを含む。以下この条において同じ。）に付さなければならない。

2　受注者は、前項の規定により保険契約を締結したときは、その証券又はこれに代わるものを直ちに発注者に提示しなければならない。

3　受注者は、工事目的物及び工事材料等を第1項の規定による保険以外の保険に付したときは、直ちにその旨を発注者に通知しなければならない。

（あっせん又は調停）

第52条（A）　この約款の各条項において発注者と受注者とが協議して定めるものにつき協議が整わなかったときに発注者が定めたものに受注者が不服がある場合その他この契約に関して発注者と受注者との間に紛争を生じた場合には、発注者及び受注者は、契約書記載の調停人のあっせん又は調停によりその解決を図る。この場合において、紛争の処理に要する費用については、発注者と受注者とが協議して特別の定めをしたものを除き、発注者と受注者とがそれぞれ負担する。

2　発注者及び受注者は、前項の調停人があっせん又は調停を打ち切ったときは、建設業法による［　］建設工事紛争審査会（以下「審査会」という。）のあっせん又は調停によりその解決を図る。

　　［注］　［　］の部分には、「中央」の字句又は都道府県の名称を記入する。

3　第1項の規定にかかわらず、現場代理人の職務の執行に関する紛争、管理技術者、設計主任技術者、照査技術者、主任技術者（監理技術者）、専門技術者その他受注者が工事を実施するために使用している下請負人、［設計受託者、］労働者等の工事の実施又は管理に関する紛争及び監督員の職務の執行に関する紛争については、第12条第4項の規定により受注者が決定を行った後若しくは同条第6項の規定により発注者が決定を行った後、又は発注者若しくは受注者が決定を行わずに同条第4項若しくは第6項の期間が経過した後でなければ、発注者及び受注者は、第1項のあっせん又は調停を請求することができない。

　　［注］　［　］の部分は、受注者が設計を自ら行う予定として入札に参加した場合には、削除する。

4　発注者又は受注者は、申し出により、この約款の各条項の規定により行う発注者と受注者との間の協議に第1項の調停人を立ち会わせ、当該協議が円滑に整うよう必要な助言又は意見を求めることができる。この場合における必要な費用の負担については、同項後段の規定を準用する。

5　前項の規定により調停人の立会いのもとで行われた協議が整わなかったときに発注者が定めたものに受注者が不服がある場合で、発注者又は受注者の一方又は双方が第1項の調停人のあっせん又は調停により紛争を解決する見込みがないと認めたときは、同項の規定にかかわらず、発注者及び受注者は、審査会のあっせん又は調停によりその解決を図る。

　　［注］　第4項及び第5項は、調停人を協議に参加させない場合には、削除する。

第52条（B）　この約款の各条項において発注者と受注者とが協議して定めるものにつき協議が整わなかったときに発注者が定めたものに受注者が不服がある場合その他この契約に関して発注者と受注者との間に紛争を生じた場合には、発注者及び受注者は、建設業法による［　］建設工事紛争審査会（以下次条において「審査会」という。）のあっせん又は調停によりその解決を図る。

　　［注］　（B）は、あらかじめ調停人を選任せず、建設業法による建設工事紛争審査会により紛争の解決を図る場合に使用する。

　　　　　［　］の部分には、「中央」の字句又は都道府県の名称を記入する。

2　前項の規定にかかわらず、現場代理人の職務の執行に関する紛争、管理技術者、設計主任技

術者、照査技術者、主任技術者（監理技術者）、専門技術者その他受注者が工事を実施するために使用している下請負人、［設計受託者、］労働者等の工事の実施又は管理に関する紛争及び監督員の職務の執行に関する紛争については、第12条第4項の規定により受注者が決定を行った後若しくは同条第6項の規定により発注者が決定を行った後、又は発注者若しくは受注者が決定を行わずに同条第4項若しくは第6項の期間が経過した後でなければ、発注者及び受注者は、前項のあっせん又は調停を請求することができない。

　　［注］　［　］の部分は、受注者が設計を自ら行う予定として入札に参加した場合には、削除する。

（仲裁）

第53条　発注者及び受注者は、その一方又は双方が前条の［調停人又は］審査会のあっせん又は調停により紛争を解決する見込みがないと認めたときは、同条の規定にかかわらず、仲裁合意書に基づき、審査会の仲裁に付し、その仲裁判断に服する。

　　［注］　［　］の部分は、第52条（B）を使用する場合には削除する。

（情報通信の技術を利用する方法）

第54条　この約款において書面により行わなければならないこととされている指示等は、建設業法その他の法令に違反しない限りにおいて、電子情報処理組織を使用する方法その他の情報通信の技術を利用する方法を用いて行うことができる。ただし、当該方法は書面の交付に準ずるものでなければならない。

（補則）

第55条　この約款に定めのない事項については、必要に応じて発注者と受注者とが協議して定める。

〔別添〕
［裏面参照の上建設工事紛争審査会の仲裁に付することに合意する場合に使用する。］

仲 裁 合 意 書

　　　　工事名

　　　　工事場所

　平成　　年　　月　　日に締結した上記建設工事の請負契約に関する紛争については、発注者及び受注者は、建設業法に規定する下記の建設工事紛争審査会の仲裁に付し、その仲裁判断に服する。

　　　　管轄審査会名　　　　　建設工事紛争審査会
　　　［管轄審査会名が記入されていない場合は建設業法第25条の9第1項又は第2項に定める建設
　　　　工事紛争審査会を管轄審査会とする。］

平成　年　月　日

　　　発注者　　　　　　　　　印

　　　受注者　　　　　　　　　印

〔裏面〕

仲裁合意書について

(1) 仲裁合意について

　仲裁合意とは、裁判所への訴訟に代えて、紛争の解決を仲裁人に委ねることを約する当事者間の契約である。

　仲裁手続によってなされる仲裁判断は、裁判上の確定判決と同一の効力を有し、たとえその仲裁判断の内容に不服があっても、その内容を裁判所で争うことはできない。

(2) 建設工事紛争審査会について

　建設工事紛争審査会（以下「審査会」という。）は、建設工事の請負契約に関する紛争の解決を図るため建設業法に基づいて設置されており、同法の規定により、あっせん、調停及び仲裁を行う権限を有している。また、中央建設工事紛争審査会（以下「中央審査会」という。）は、国土交通省に、都道府県建設工事紛争審査会（以下「都道府県審査会」という。）は各都道府県にそれぞれ設置されている。審査会の管轄は、原則として、受注者が国土交通大臣の許可を受けた建設業者であるときは中央審査会、都道府県知事の許可を受けた建設業者であるときは当該都道府県審査会であるが、当事者の合意によって管轄審査会を定めることもできる。

　審査会による仲裁は、3人の仲裁委員が行い、仲裁委員は、審査会の委員又は特別委員のうちから当事者が合意によって選定した者につき、審査会の会長が指名する。

　また、仲裁委員のうち少なくとも1人は、弁護士法の規定により弁護士となる資格を有する者である。

　なお、審査会における仲裁手続は、建設業法に特別の定めがある場合を除き、仲裁法の規定が適用される。

7.2 設計業務等共通仕様書及び土木工事共通仕様書の読替条等の例

　国土交通省の共通仕様書を例として、設計業務等共通仕様書（第1編　共通編）及び土木工事共通仕様書（第1編　共通編　1−1−1−2　用語の定義、1−1−1−14　設計図書の変更）の読替条の例、並びに用語の定義の追加条の例（設計業務等共通仕様書及び土木工事共通仕様書に共通）を示す。

7.2.1　設計業務等共通仕様書（第1編　共通編）の読替条の例

	設計業務等共通仕様書	設計・施工一括発注方式の特記仕様書に示す読替条	備考
第1101条 適用	１．設計業務等共通仕様書（以下「共通仕様書」という。）は、国土交通省関東地方整備局（港湾空港関係を除く。）の発注する土木工事に係る設計及び計画業務（当該設計及び計画業務と一体として委託契約される場合の土木工事予定地等において行われる調査業務を含む。）に係る土木設計業務等委託契約書及び設計図書の内容について、統一的な解釈及び運用を図るとともに、その他の必要な事項を定め、もって契約の適正な履行の確保を図るためのものである。	１．本読替条によって読み替えられる設計業務等共通仕様書（以下「共通仕様書」という。）は、設計・施工一括発注方式による工事の設計に係る公共土木設計施工請負契約書及び設計図書の内容について、統一的な解釈及び運用を図るとともに、その他の必要な事項を定め、もって契約の適正な履行の確保を図るためのものである。	
	２．設計図書は、相互に補完し合うものとし、そのいずれかによって定められている事項は、契約の履行を拘束するものとする。	（同左）	
	３．特記仕様書、図面、共通仕様書又は指示や協議等の間に相違がある場合、又は図面からの読み取りと図面に書かれた数字が相違する場合など業務の遂行に支障を生じたり、今後相違することが想定される場合、受注者は調査職員に確認して指示を受けなければならない。	３．特記仕様書、図面、共通仕様書又は指示や協議等の間に相違がある場合、又は図面からの読み取りと図面に書かれた数字が相違する場合など設計の遂行に支障を生じたり、今後相違することが想定される場合、受注者は監督職員に確認して指示を受けなければならない。	
	４．発注者支援業務、測量業務及び地質・土質調査業務等に関する業務については、別に定める各共通仕様書によるものとする。	（削除）	
第1102条 用語の定義	共通仕様書に使用する用語の定義は、次の各項に定めるところによる。	（同左）	
	１．「発注者」とは、支出負担行為担当官若しくは分任支出負担行為担当官又は契約担当官若しくは分任契約担当官をいう。	（同左）	
	２．「受注者」とは、設計業務等の実施に関し、発注者と委託契約を締結した個人若しくは会社その他の法人をいう。又は、法令の規定により認められたその一般承継人をいう。	２．「受注者」とは、工事の実施に関し、発注者と請負契約を締結した個人若しくは会社その他の法人をいう。又は、法令の規定により認められたその一般承継人をいう。	
	３．「調査職員」とは、契約図書に定められた範囲内において、受注者又は管理技術者に対する指示、承諾又は協議等の職務を行う者で、契約書第9条第1項に規定する者であり、総括調査員、主任調査員及び調査員を総称してい	３．土木工事においては、本仕様で規定されている「監督員」とは、総括監督員、主任監督員、監督員を総称していう。	土木工事共通仕様書と同一

	う。		
	4．本仕様で規定されている総括調査員とは、総括調査業務を担当し、主に、受注者に対する指示、承諾または協議、および関連業務との調整のうち重要なものの処理を行う者をいう。また、設計図書の変更、一時中止または契約の解除の必要があると認める場合における契約担当官等（会計法（平成18年6月7日改正法律第53号第29条の3第1項に規定する契約担当官をいう。）に対する報告等を行うとともに、主任調査員および調査員の指揮監督並びに調査業務のとりまとめを行う者をいう。	4．本仕様で規定されている総括監督員とは、監督総括業務を担当し、主に、受注者に対する指示、承諾または協議および関連工事の調整のうち重要なものの処理、及び設計図書の変更、一時中止または打切りの必要があると認める場合における契約担当官等（会計法（平成18年6月7日改正法律第53号第29条の3第1項に規定する契約担当官をいう。）に対する報告等を行う者をいう。また、土木工事にあっては主任監督員および監督員、港湾工事および空港工事にあっては主任現場監督員および現場監督員の指揮監督並びに監督業務のとりまとめを行う者をいう。	土木工事共通仕様書と同一
	5．本仕様で規定されている主任調査員とは、主任調査業務を担当し、主に、受注者に対する指示、承諾または協議（重要なものおよび軽易なものを除く）の処理、業務の進捗状況の確認、設計図書の記載内容と履行内容との照合その他契約の履行状況の調査で重要なものの処理、関連業務との調整（重要なものを除く）の処理を行う者をいう。また、設計図書の変更、一時中止または契約の解除の必要があると認める場合における総括調査員への報告を行うとともに、調査員の指揮監督並びに主任調査業務および一般調査業務のとりまとめを行う者をいう。	5．本仕様で規定されている土木工事における主任監督員、港湾工事、空港工事における主任現場監督員とは現場監督総括業務を担当し、主に、受注者に対する指示、承諾または協議（重要なもの及び軽易なものを除く）の処理、工事実施のための詳細図等（軽易なものを除く）の作成および交付または受注者が作成した図面の承諾を行い、また、契約図書に基づく工程の管理、立会、段階確認、工事材料の試験または検査の実施（他のものに実施させ当該実施を確認することを含む）で重要なものの処理、関連工事の調整（重要なものを除く）、設計図書の変更（重要なものを除く）、一時中止または打切りの必要があると認める場合における総括監督員への報告を行う者をいう。また、土木工事にあっては監督員、港湾工事、空港工事にあっては現場監督員の指揮監督並びに現場監督総括業務および一般監督業務のとりまとめを行う者をいう。	土木工事共通仕様書と同一
	6．本仕様で規定されている調査員とは、一般調査業務を担当し、主に、受注者に対する指示、承諾または協議で軽易なものの処理、業務の進捗状況の確認、設計図書の記載内容と履行内容との照合その他契約の履行状況の調査（重要なものを除く）を行う者をいう。また、設計図書の変更、一時中止または契約の解除の必要があると認める場合における主任調査員への報告を行うとともに、一般調査業務のとりまとめを行う者をいう。	6．本仕様で規定されている土木工事における監督員、港湾工事および空港工事における現場監督員は、一般監督業務を担当し、主に受注者に対する指示、承諾または協議で軽易なものの処理、工事実施のための詳細図等で軽易なものの作成および交付または受注者が作成した図面のうち軽易なものの承諾を行い、また、契約図書に基づく工程の管理、立会、工事材料試験の実施（重要なものは除く。）を行う者をいう。また、土木工事における監督員は段階確認を行い、港湾工事および空港工事における現場監督員は、施工状況検査を行う。なお、設計図書の変更、一時中止または打切りの必要があると認める場合において、土木工事にあっては主任監督員、港湾工事および空港工事にあっては主任現場監督員への報告を行うとともに、一般監督業務のとりまとめを行う者いう。	土木工事共通仕様書と同一
	7．「検査職員」とは、設計業務等の完了検査及び指定部分に係る検査にあたって、契約書第31条第2項の規定に基	7．「検査職員」とは、契約書第31条第2項の規定に基づき、工事検査を行うために発注者が定めた者をいう。	土木工事共通仕様書と同一

	づき、検査を行う者をいう。		
	8．「管理技術者」とは、契約の履行に関し、業務の管理及び統括等を行う者で、契約書第10条第1項の規定に基づき、受注者が定めた者をいう。	8－1．「管理技術者」とは、契約の履行に関し、設計の進捗の管理を行う者で、契約書第10条の2の規定に基づき、受注者が定めた者をいう。	
		8－2．「設計主任技術者」とは、契約の履行に関し、設計の技術上の管理及び統轄を行う者で、契約書第10条の3の規定に基づき、受注者が定めた者をいう。	新設
	9．「照査技術者」とは、成果物の内容について技術上の照査を行う者で、契約書第11条第1項の規定に基づき、受注者が定めた者をいう。	9．「照査技術者」とは、設計成果物の内容の技術上の照査を行う者で、契約書第10条の4の規定に基づき、受注者が定めた者をいう。	
	10．「担当技術者」とは、管理技術者のもとで業務を担当する者で、受注者が定めた者をいう。	10 (A)「担当技術者」とは、設計主任技術者のもとで設計を担当する者で、受注者が定めた者をいう。	(A)は受注者が自ら設計を行う場合に使用
		10 (B)．「担当技術者」とは、設計主任技術者のもとで設計を担当する者で、設計受託者が定めた者をいう。	(B)は受注者が設計を委託する場合に使用
	11．「同等の能力と経験を有する技術者」とは、当該設計業務等に関する技術上の知識を有する者で、特記仕様書で規定する者又は発注者が承諾した者をいう。	11．「同等の能力と経験を有する技術者」とは、当該設計に関する技術上の知識を有する者で、特記仕様書で規定する者又は発注者が承諾した者をいう。	
	12．「契約図書」とは、契約書及び設計図書をいう。	（同左）	
	13．「契約書」とは、「土木設計業務等委託契約書の制定について」（平成7年6月30日付け建設省厚契発第26号）、別冊土木設計業務等委託契約書をいう。	13．「契約書」とは、「公共土木設計施工請負契約書」（土木学会）をいう。	
	14．「設計図書」とは、仕様書、図面、数量総括表、現場説明書及び現場説明に対する質問回答書をいう。	14．「設計図書」とは、設計図書（設計成果物を除く。）をいう。	設計時の設計図書に設計成果物は含まれていないため
	15．「仕様書」とは、共通仕様書及び特記仕様書（これらにおいて明記されている適用すべき諸基準を含む。）を総称していう。	（同左）	
	16．「共通仕様書」とは、各設計業務等に共通する技術上の指示事項等を定める図書をいう。	16．「共通仕様書」とは、各設計に共通する技術上の指示事項等を定める図書をいう。	
	17．「特記仕様書」とは、共通仕様書を補足し、当該設計業務等の実施に関する明細又は特別な事項を定める図書をいう。	17．「特記仕様書」とは、共通仕様書を補足し、工事に関する明細または工事に固有の技術的要求を定める図書をいう。なお、設計図書に基づき監督職員が受注者に指示した書面及び受注者が提出し監督職員が承諾した書面は、特記仕様書に含まれる。	土木工事共通仕様書を修正
	18．「数量総括表」とは、設計業務等に関する工種、設計数量および規格を示した書類をいう。	18．「数量総括表」とは、工事に関する工種、設計数量および規格を示した書類をいう。	土木工事共通仕様書を修正
	19．「現場説明書」とは、設計業務等の入札等に参加する者に対して、発注者が当該設計業務等の契約条件等を説明するための書類をいう。	19．「現場説明書」とは、工事の入札に参加するものに対して発注者が当該工事の契約条件等を説明するための書類をいう。	土木工事共通仕様書と同一
	20．「質問回答書」とは、現場説明書に関する入札等参加者からの質問書に対して、発注者が回答する書面をいう。	20．「質問回答書」とは、質問受付時に入札参加者が提出した契約条件等に関する質問に対して発注者が回答する書面をいう。	土木工事共通仕様書と同一

	21.「図面」とは、入札等に際して発注者が交付した図面及び発注者から変更又は追加された図面及び図面のもとになる計算書等をいう。	21.「図面」とは、入札に際して発注者が示した設計図、発注者から変更または追加された設計図、工事完成図等をいう。なお、設計図書に基づき監督職員が受注者に指示した図面および受注者が提出し、監督職員が書面により承諾した図面を含むものとする。	土木工事共通仕様書と同一
	22.「指示」とは、調査職員が受注者に対し、設計業務等の遂行上必要な事項について書面をもって示し、実施させることをいう。	22.「指示」とは、契約図書の定めに基づき、監督職員が受注者に対し、工事に必要な事項について書面により示し、実施させることをいう。	土木工事共通仕様書を修正
	23.「請求」とは、発注者又は受注者が契約内容の履行あるいは変更に関して相手方に書面をもって行為、あるいは同意を求めることをいう。	（同左）	
	24.「通知」とは、発注者若しくは調査職員が受注者に対し、又は受注者が発注者若しくは調査職員に対し、設計業務等に関する事項について、書面をもって知らせることをいう。	24.「通知」とは、発注者または監督職員と受注者または現場代理人の間で、監督職員が受注者に対し、または受注者が監督職員に対し、工事に関する事項について、書面により互いに知らせることをいう。	土木工事共通仕様書を修正
	25.「報告」とは、受注者が調査職員に対し、設計業務等の遂行に係わる事項について、書面をもって知らせることをいう。	25.「報告」とは、受注者が監督職員に対し、工事の状況または結果について書面により知らせることをいう。	土木工事共通仕様書と同一
	26.「申し出」とは、受注者が契約内容の履行あるいは変更に関し、発注者に対して書面をもって同意を求めることをいう。	（同左）	
	27.「承諾」とは、受注者が調査職員に対し、書面で申し出た設計業務等の遂行上必要な事項について、調査職員が書面により業務上の行為に同意することをいう。	27.「承諾」とは、契約図書で明示した事項について、発注者若しくは監督職員または受注者が書面により同意することをいう。	土木工事共通仕様書と同一
	28.「質問」とは、不明な点に関して書面をもって問うことをいう。	（同左）	
	29.「回答」とは、質問に対して書面をもって答えることをいう。	（同左）	
	30.「協議」とは、書面により契約図書の協議事項について、発注者又は調査職員と受注者が対等の立場で合議することをいう。	30.「協議」とは、書面により契約図書の協議事項について、発注者または監督職員と受注者が対等の立場で合議し、結論を得ることをいう。	土木工事共通仕様書と同一
	31.「提出」とは、受注者が調査職員に対し、設計業務等に係わる事項について書面又はその他の資料を説明し、差し出すことをいう。	31.「提出」とは、監督職員が受注者に対し、または受注者が監督職員に対し工事に係わる書面またはその他の資料を説明し、差し出すことをいう。	土木工事共通仕様書と同一
	32.「書面」とは、手書き、印刷等の伝達物をいい、発行年月日を記録し、署名又は捺印したものを有効とする。	32.「書面」とは、手書き、印刷物等による工事打合せ簿等の工事帳票をいい、発行年月日を記載し、署名または押印したものを有効とする。ただし、情報共有システムを用いて作成及び提出等を行った工事帳票については、署名または押印がなくても有効とする。	土木工事共通仕様書と同一
	（1）緊急を要する場合は、ファクシミリまたは電子メールにより伝達できるものとするが、後日書面と差し換えるものとする。	（同左）	
	（2）電子納品を行う場合は、別途調査職員と協議するものとする。	（2）電子納品を行う場合は、別途監督職員と協議するものとする。	
	33.「検査」とは、契約図書に基づき、検査職員が設計業務等の完了を確認す	33.「検査」とは、検査職員が契約書第31条、第37条、第38条に基づいて給	

	ることをいう。	付の完了の確認を行うことをいう。	
	34.「打合せ」とは、設計業務等を適正かつ円滑に実施するために管理技術者等と調査職員が面談により、業務の方針及び条件等の疑義を正すことをいう。	34.「打合せ」とは、設計を適正かつ円滑に実施するために管理技術者等と監督職員が面談により、設計の方針及び条件等の疑義を正すことをいう。	
	35.「修補」とは、発注者が検査時に受注者の負担に帰すべき理由による不良箇所を発見した場合に受注者が行うべき訂正、補足その他の措置をいう。	（同左）	
	36.「協力者」とは、受注者が設計業務等の遂行にあたって、再委託する者をいう。	36.「協力者」とは、受注者が設計の遂行にあたって、再委託する者をいう。	
	37.「使用人等」とは、協力者又はその代理人若しくはその使用人その他これに準ずるものをいう。	（同左）	
	38.「了解」とは、契約図書に基づき、調査職員が受注者に指示した処理内容・回答に対して、理解して承認することをいう。	38.「了解」とは、契約図書に基づき、監督職員が受注者に指示した処理内容・回答に対して、理解して承認することをいう。	
	39.「受理」とは、契約図書に基づき、受注者、調査職員が相互に提出された書面を受け取り、内容を把握することをいう。	39.「受理」とは、契約図書に基づき、受注者、監督職員が相互に提出された書面を受け取り、内容を把握することをいう。	
第1103条 受注者の義務	受注者は契約の履行に当たって業務等の意図及び目的を十分理解したうえで業務等に適用すべき諸基準に適合し、所定の成果を満足するような技術を十分に発揮しなければならない。	受注者は契約の履行に当たって設計の意図及び目的を十分理解したうえで設計に適用すべき諸基準に適合し、所定の成果を満足するような技術を十分に発揮しなければならない。	
第1104条 業務の着手	受注者は、特記仕様書に定めがある場合を除き、契約締結後15日以内に設計業務等に着手しなければならない。この場合において、着手とは管理技術者が設計業務等の実施のため調査職員との打合せを行うことをいう。	受注者は、特記仕様書に定めがある場合を除き、契約締結後15日以内に設計に着手しなければならない。この場合において、着手とは管理技術者等が設計の実施のため監督職員との打合せを行うことをいう。	
第1105条 設計図書の支給及び点検	1．受注者からの要求があった場合で、調査職員が必要と認めたときは、受注者に図面の原図若しくは電子データを貸与する。ただし、共通仕様書、各種基準、参考図書等市販されているものについては、受注者の負担において備えるものとする。	1．受注者からの要求があった場合で、監督職員が必要と認めたときは、受注者に図面の原図若しくは電子データを貸与する。ただし、共通仕様書、各種基準、参考図書等市販されているものについては、受注者の負担において備えるものとする。	
	2．受注者は、設計図書の内容を十分点検し、疑義のある場合は、調査職員に書面により報告し、その指示を受けなければならない。	2．受注者は、設計図書の内容を十分点検し、疑義のある場合は、監督職員に書面により報告し、その指示を受けなければならない。	
	3．調査職員は、必要と認めるときは、受注者に対し、図面又は詳細図面等を追加支給するものとする。	3．監督職員は、必要と認めるときは、受注者に対し、図面又は詳細図面等を追加支給するものとする。	
第1106条 調査職員	1．発注者は、設計業務等における調査職員を定め、受注者に通知するものとする。	1．発注者は、工事における監督職員を定め、受注者に通知するものとする。	監督業務は監督職員に集約
	2．調査職員は、契約図書に定められた事項の範囲内において、指示、承諾、協議等の職務を行うものとする。	2．監督職員は、契約図書に定められた事項の範囲内において、指示、承諾、協議等の職務を行うものとする。	
	3．契約書の規定に基づく調査職員の権限は、契約書第9条第2項に規定した事項である。	3．契約書の規定に基づく監督職員の権限は、契約書第9条第2項に規定した事項である。	
	4．調査職員がその権限を行使するときは、書面により行うものとする。ただし、緊急を要する場合、調査職員が	4．監督職員がその権限を行使するときは、書面により行うものとする。ただし、緊急を要する場合、監督職員が	

7．資料

	受注者に対し口頭による指示等を行った場合には、受注者はその口頭による指示等に従うものとする。なお調査職員は、その口頭による指示等を行った後、後日書面で受注者に指示するものとする。	受注者に対し口頭による指示等を行った場合には、受注者はその口頭による指示等に従うものとする。なお監督職員は、その口頭による指示等を行った後、後日書面で受注者に指示するものとする。	
第1107条 管理技術者	１．受注者は、設計業務等における管理技術者を定め、発注者に通知するものとする。	１．受注者は、設計における管理技術者を定め、発注者に通知するものとする。	
	２．管理技術者は、契約図書等に基づき、業務の技術上の管理を行うものとする。	２．管理技術者は、契約図書等に基づき、設計の進捗の管理を行うものとする。	
	３．管理技術者は、設計業務等の履行にあたり、技術士（総合技術監理部門（業務に該当する選択科目）又は業務に該当する部門）又はこれと同等の能力と経験を有する技術者、あるいはシビルコンサルティングマネージャ（以下「ＲＣＣＭ」という。）の資格保有者であり、日本語に堪能（日本語通訳が確保できれば可）でなければならない。	３．管理技術者は、設計にあたり、技術士（総合技術監理部門（設計に該当する選択科目）又は設計に該当する部門）又はこれと同等の能力と経験を有する技術者、あるいはシビルコンサルティングマネージャ（以下「ＲＣＣＭ」という。）の資格保有者であり、日本語に堪能（日本語通訳が確保できれば可）でなければならない。	個々の工事の特性に応じて特記仕様書にも記載
	４．管理技術者に委任できる権限は契約書第10条第２項に規定した事項とする。ただし、受注者が管理技術者に委任できる権限を制限する場合は発注者に書面をもって報告しない限り、管理技術者は受注者の一切の権限（契約書第10条第２項の規定により行使できないとされた権限を除く）を有するものとされ発注者及び調査職員は管理技術者に対して指示等を行えば足りるものとする。	（削除）	契約に係る管理技術者の権限は現場代理人により行使
	５．管理技術者は、調査職員が指示する関連のある設計業務等の受注者と十分に協議の上、相互に協力し、業務を実施しなければならない。	（削除）	第1107条の２第４項へ移設
	６．管理技術者は、第1108条第５項に規定する照査結果の確認を行わなければならない。	（削除）	第1107条の２第５項へ移設
第1107条の２ 設計主任技術者		１．受注者は、設計における設計主任技術者を定め、発注者に通知するものとする。	新設
		２．設計主任技術者は、契約図書等に基づき、設計の技術上の管理及び統括を行うものとする。	新設
		３．設計主任技術者は、設計にあたり、技術士（総合技術監理部門（設計に該当する選択科目）又は設計に該当する部門）又はこれと同等の能力と経験を有する技術者、あるいはＲＣＣＭの資格保有者であり、日本語に堪能（日本語通訳が確保できれば可）でなければならない。	新設 個々の工事の特性に応じて特記仕様書にも記載
		４．設計主任技術者は、監督職員が指示する関連のある設計業務等の受注者と十分に協議の上、相互に協力し、設計を実施しなければならない。	第1107条第５項より移設
		５．設計主任技術者は、第1108条第５項に規定する照査結果の確認を行わなければならない。	第1107条第６項より移設
第1108条 照査技術者及び照査の	１．発注者が設計図書において定める場合は、受注者は、設計業務等における照査技術者を定め発注者に通知する	１．受注者は、設計における照査技術者を定め発注者に通知するものとする。	

実施	ものとする。		
	2．照査技術者は、技術士（総合技術監理部門（業務に該当する選択科目）又は業務に該当する部門）又はこれと同等の能力と経験を有する技術者あるいはＲＣＣＭの資格保有者であり、日本語に堪能（日本語通訳が確保できれば可）でなければならない。	2．照査技術者は、設計にあたり、技術士（総合技術監理部門（設計に該当する選択科目）又は設計に該当する部門）又はこれと同等の能力と経験を有する技術者、あるいＲＣＣＭの資格保有者であり、日本語に堪能（日本語通訳が確保できれば可）でなければならない。	個々の工事の特性に応じて特記仕様書にも記載
	3．照査技術者は、照査計画を作成し業務計画書に記載し、照査に関する事項を定めなければならない。	3．照査技術者は、照査計画を作成し設計計画書に記載し、照査に関する事項を定めなければならない。	
	4．照査技術者は、設計図書に定める又は調査職員の指示する業務の節目毎にその成果の確認を行うとともに、成果の内容については、受注者の責において照査技術者自身による照査を行わなければならない。	4．照査技術者は、設計図書に定める又は監督職員の指示する設計の節目毎にその成果の確認を行うとともに、成果の内容については、受注者の責において照査技術者自身による照査を行わなければならない。	
	5．照査技術者は、特記仕様書に定める照査報告毎に照査結果を照査報告書としてとりまとめ、照査技術者の責において署名捺印のうえ管理技術者に提出するとともに、報告完了時には全体の照査報告書としてとりまとめるものとする。	5．照査技術者は、特記仕様書に定める照査報告毎に照査結果を照査報告書としてとりまとめ、照査技術者の責において署名捺印のうえ設計主任技術者に提出するとともに、報告完了時には全体の照査報告書としてとりまとめるものとする。	
第1109条(A)担当技術者	1．受注者は、業務の実施にあたって担当技術者を定める場合は、その氏名その他必要な事項を調査職員に提出するものとする。（管理技術者と兼務するものを除く） なお、担当技術者が複数にわたる場合は3名までとする。ただし、受注者が設計共同体である場合には、構成員毎に3名までとする。	1．受注者は、設計の実施にあたって担当技術者を定める場合は、その氏名その他必要な事項を監督職員に提出するものとする。（管理技術者又は設計主任技術者と兼務するものを除く） なお、担当技術者が複数にわたる場合は3名までとする。	(A)は受注者が自ら設計を行う場合に使用
第1109条(B)担当技術者		1．受注者は、設計受託者が設計の実施にあたって担当技術者を定める場合は、その氏名その他必要な事項を監督職員に提出するものとする。（管理技術者又は設計主任技術者と兼務するものを除く） なお、担当技術者が複数にわたる場合は3名までとする。	(B)は受注者が設計委託する場合に使用
	2．担当技術者は、設計図書等に基づき、適正に業務を実施しなければならない。	（同左）	
	3．担当技術者は照査技術者を兼ねることはできない。	（同左）	
第1110条提出書類	1．受注者は、発注者が指定した様式により、契約締結後に関係書類を調査職員を経て、発注者に遅滞なく提出しなければならない。ただし、業務委託料（以下「委託料」という。）に係る請求書、請求代金代理受領承諾書、遅延利息請求書、調査職員に関する措置請求に係る書類及びその他現場説明の際に指定した書類を除く。	1．受注者は、発注者が指定した様式により、契約締結後に関係書類を監督を経て、発注者に遅滞なく提出しなければならない。	
	2．受注者が発注者に提出する書類で様式が定められていないものは、受注者において様式を定め、提出するものとする。ただし、発注者がその様式を指示した場合は、これに従わなければならない。	（同左）	

	3．受注者は、契約時又は変更時において、請負金額が100万円以上の業務について、業務実績情報システム（テクリス）に基づき、受注・変更・完了時に業務実績情報として「登録のための確認のお願い」を作成し、受注時は契約後、土曜日、日曜日、祝日等を除き10日以内に、登録内容の変更時は変更があった日から、土曜日、日曜日、祝日等を除き10日以内に、完了時は業務完了後、土曜日、日曜日、祝日等を除き10日以内に、書面により調査職員の確認を受けたうえで、登録機関に登録申請しなければならない。 また、受注者は、契約時において、予定価格が1,000万円を超える競争入札により調達される建設コンサルタント業務において調査基準価格を下回る金額で落札した場合、業務実績情報システム（テクリス）に業務実績情報を登録する際は、業務名称の先頭に「【低】」を追記した上で「登録のための確認のお願い」を作成し、調査職員の確認を受けること。例：【低】○○○○業務 また、登録機関に登録後、テクリスより「登録内容確認書」をダウンロードし、直ちに監督職員に提出しなければならない。なお、変更時と完了時の間が、土曜日、日曜日、祝日等を除き10日間に満たない場合は、変更時の提出を省略できるものとする。	3．受注者は、設計受託者に対し、自ら登録内容を確認の上、以下の事項を実施させるものとする。 設計受託者は、契約時又は契約変更時において受注者との契約金額が100万円以上の設計について、測量調査設計業務実績情報システム（ＴＥＣＲＩＳ）に基づき、受注時・登録内容の変更時・発注者による設計の承諾時に業務実績情報として「登録のための確認のお願い」を作成し、受注時は契約後、土曜日、日曜日、祝日等を除き10日以内に、登録内容の変更時は変更があった日から、土曜日、日曜日、祝日等を除き10日以内に、発注者による設計の承諾時は承諾後10日以内に、受注者及び監督職員の確認を受けたうえ、登録機関に登録申請しなければならない。なお、登録内容に訂正が必要な場合、ＴＥＣＲＩＳに基づき、「訂正のための確認のお願い」を作成し、訂正があった日から10日以内に受注者及び監督職員の確認を受けたうえ、登録機関に登録申請しなければならない。 なお、登録にあたって、契約金額は受注者と設計受託者間の委託契約額、着手日は受注者と設計受託者の契約における業務の開始日、完了年月日は発注者により設計の承諾がなされた日（受注時は、受注者が発注者に提出する工程表において、発注者による設計の承諾を予定する日）とし、「管理技術者」は「設計主任技術者」と読み替えるものとする。 また、登録機関に登録後、ＴＥＣＲＩＳより「登録内容確認書」をダウンロードし、直ちに受注者及び監督職員に提出しなければならない。なお、登録内容の変更時と発注者による設計の承諾時の間が10日間に満たない場合は、登録内容の変更時の提出を省略できるものとする。	
第1111条 打合せ等	1．設計業務等を適正かつ円滑に実施するため、管理技術者と調査職員は常に密接な連絡をとり、業務の方針及び条件等の疑義を正すものとし、その内容についてはその都度受注者が書面（打合せ記録簿）に記録し、相互に確認しなければならない。 なお、連絡は積極的に電子メール等を活用し、電子メールで確認した内容については、必要に応じて打合せ記録簿を作成するものとする。	1．設計を適正かつ円滑に実施するため、管理技術者等と監督職員は常に密接な連絡をとり、設計の方針及び条件等の疑義を正すものとし、その内容についてはその都度受注者が書面（打合せ記録簿）に記録し、相互に確認しなければならない。 なお、連絡は積極的に電子メール等を活用し、電子メールで確認した内容については、必要に応じて打合せ記録簿を作成するものとする。	
	2．設計業務等着手時及び設計図書で定める業務の区切りにおいて、管理技術者と調査職員は打合せを行うものとし、その結果について受注者が打合せ記録簿に記録し相互に確認しなければならない。	2．設計着手時及び設計図書で定める設計の区切りにおいて、管理技術者等と監督職員は打合せを行うものとし、その結果について受注者が打合せ記録簿に記録し相互に確認しなければならない。	
	3．管理技術者は、仕様書に定めのない事項について疑義が生じた場合は、速やかに調査職員と協議するものとする。	3．管理技術者等は、仕様書に定めのない事項について疑義が生じた場合は、速やかに監督職員と協議するものとする。	

第1112条 業務計画書	1．受注者は、契約締結後15日以内に業務計画書を作成し、調査職員に提出しなければならない。	1．受注者は、施工計画書とともに設計計画書を作成し、監督職員に提出しなければならない。	
	2．業務計画書には、契約図書に基づき下記事項を記載するものとする。 （1）業務概要　（2）実施方針 （3）業務工程　（4）業務組織計画 （5）打合せ計画 （6）成果品の品質を確保するための計画 （7）成果品の内容、部数 （8）使用する主な図書及び基準 （9）連絡体制(緊急時含む) （10）使用する主な機器 （11）その他 なお、受注者は設計図書において照査技術者による照査が定められている場合は、照査計画について記載するものとする。	2．設計計画書には、契約図書に基づき下記事項を記載するものとする。 （1）設計概要　（2）実施方針 （3）設計工程　（4）設計組織計画 （5）打合せ計画 （6）設計成果物の品質を確保するための計画 （7）設計成果物の内容、部数 （8）使用する主な図書及び基準 （9）連絡体制(緊急時含む) （10）使用する主な機器 （11）その他 なお、受注者は照査計画について記載するものとする。	
	3．受注者は、業務計画書の重要な内容を変更する場合は、理由を明確にしたうえ、その都度調査職員に変更業務計画書を提出しなければならない。	3．受注者は、設計計画書の重要な内容を変更する場合は、理由を明確にしたうえ、その都度監督職員に変更設計計画書を提出しなければならない。	
	4．調査職員が指示した事項については、受注者はさらに詳細な業務計画に係る資料を提出しなければならない。	4．監督職員が指示した事項については、受注者はさらに詳細な設計計画に係る資料を提出しなければならない。	
第1113条 資料の貸与 及び返却	1．調査職員は、設計図書に定める図書及びその他関係資料を、受注者に貸与するものとする。	1．監督職員は、設計図書に定める図書及びその他関係資料を、受注者に貸与するものとする。	
	2．受注者は、貸与された図面及び関係資料等の必要がなくなった場合はただちに調査職員に返却するものとする。	2．受注者は、貸与された図面及び関係資料等の必要がなくなった場合はただちに監督職員に返却するものとする。	
	3．受注者は、貸与された図書及びその他関係資料を丁寧に扱い、損傷してはならない。万一、損傷した場合には、受注者の責任と費用負担において修復するものとする。	（同左）	
	4．受注者は、設計図書に定める守秘義務が求められる資料については複写してはならない。	（同左）	
第1114条 関係官公庁 への手続き 等	1．受注者は、設計業務等の実施に当たっては、発注者が行う関係官公庁等への手続きの際に協力しなければならない。また受注者は、設計業務等を実施するため、関係官公庁等に対する諸手続きが必要な場合は、速やかに行うものとする。	1．受注者は、設計の実施に当たっては、発注者が行う関係官公庁等への手続きの際に協力しなければならない。また受注者は、設計を実施するため、関係官公庁等に対する諸手続きが必要な場合は、速やかに行うものとする。	
	2．受注者が、関係官公庁等から交渉を受けたときは、遅滞なくその旨を調査職員に報告し協議するものとする。	2．受注者が、関係官公庁等から交渉を受けたときは、遅滞なくその旨を監督職員に報告し協議するものとする。	
第1115条 地元関係者 との交渉等	1．契約書第12条に定める地元関係者への説明、交渉等は、発注者又は調査職員が行うものとするが、調査職員の指示がある場合は、受注者はこれに協力するものとする。これらの交渉に当たり、受注者は地元関係者に誠意をもって接しなければならない。	1．監督職員の指示がある場合は、受注者は地元関係者等の交渉等に協力するものとする。これらの交渉に当たり、受注者は地元関係者に誠意をもって接しなければならない。	
	2．受注者は、屋外で行う設計業務等の実施に当たっては、地元関係者からの質問、疑義に関する説明等を求められた場合は、調査職員の承諾を得てから行うものとし、地元関係者との間に	2．受注者は、屋外で行う設計に係わる調査等の実施に当たっては、地元関係者からの質問、疑義に関する説明等を求められた場合は、監督職員の承諾を得てから行うものとし、地元関係者	

	紛争が生じないように努めなければならない。	との間に紛争が生じないように努めなければならない。	
	3．受注者は、設計図書の定め、あるいは調査職員の指示により受注者が行うべき地元関係者への説明、交渉等を行う場合には、交渉等の内容を書面で随時、調査職員に報告し、指示があればそれに従うものとする。	3．受注者は、設計図書の定め、あるいは監督職員の指示により受注者が行うべき地元関係者への説明、交渉等を行う場合には、交渉等の内容を書面で随時、監督職員に報告し、指示があればそれに従うものとする。	
	4．受注者は、設計業務等の実施中に発注者が地元協議等を行い、その結果を設計条件として業務を実施する場合には、設計図書に定めるところにより、地元協議等に立会するとともに、説明資料及び記録の作成を行うものとする。	4．受注者は、設計の実施中に発注者が地元協議等を行い、その結果を設計条件として設計を実施する場合には、設計図書に定めるところにより、地元協議等に立会するとともに、説明資料及び記録の作成を行うものとする。	
	5．受注者は、前項の地元協議により、既に作成した成果の内容を変更する必要を生じた場合には、指示に基づいて、変更するものとする。なお、変更に要する期間及び経費は、発注者と協議のうえ定めるものとする。	（同左）	
第1116条 土地への立入り等	1．受注者は、屋外で行う設計業務等を実施するため国有地、公有地又は私有地に立入る場合は、契約書第13条の定めに従って、調査職員及び関係者と十分な協調を保ち設計業務等が円滑に進捗するように努めなければならない。なお、やむを得ない理由により現地への立入りが不可能となった場合には、ただちに調査職員に報告し指示を受けなければならない。	1．受注者は、屋外で行う設計に係わる調査等を実施するため国有地、公有地又は私有地に立入る場合は、監督職員及び関係者と十分な協調を保ち設計が円滑に進捗するように努めなければならない。なお、やむを得ない理由により現地への立入りが不可能となった場合には、ただちに監督職員に報告し指示を受けなければならない。	
	2．受注者は、設計業務等実施のため植物伐採、かき、さく等の除去又は土地もしくは工作物を一時使用する時は、あらかじめ調査職員に報告するものとし、報告を受けた調査職員は当該土地所有者及び占有者の許可を得るものとする。なお、第三者の土地への立入りについて、当該土地占有者の許可は、発注者が得るものとするが、調査職員の指示がある場合は受注者はこれに協力しなければならない。	2．受注者は、設計に係わる調査等実施のため植物伐採、かき、さく等の除去又は土地もしくは工作物を一時使用する時は、あらかじめ監督職員に報告するものとする。	
	3．受注者は、前項の場合において生じた損失のため必要となる経費の負担については、設計図書に示す外は調査職員と協議により定めるものとする。	（削除）	
	4．受注者は、第三者の土地への立入りに当たっては、あらかじめ身分証明書交付願を発注者に提出し身分証明書の交付を受け、現地立入りに際しては、これを常に携帯しなければならない。なお、受注者は、立入り作業完了後10日以内に身分証明書を発注者に返却しなければならない。	（同左）	
第1117条 成果物の提出	1．受注者は、設計業務等が完了したときは、設計図書に示す成果品（設計図書で照査技術者による照査が定められた場合は照査報告書を含む。）を業務完了報告書とともに提出し、検査を受けるものとする。	1．受注者は、設計が完了したときは、設計図書に示す設計成果物（照査報告書を含む。）を監督に提出し、契約書第13条の2にある設計成果物の確認を受けるものとする。	
	2．受注者は、設計図書に定めがある場合、又は調査職員の指示する場合で、同意した場合は履行期間途中において	2．受注者は、契約書第38条第1項にある工事目的物の指定部分がある場合、工事目的物とあわせて設計成果物	

	も、成果品の部分引き渡しを行うものとする。	の部分引き渡しを行うものとする。	
	３．受注者は、成果品において使用する計量単位は、国際単位系（ＳＩ）とする。	（同左）	
	４．受注者は、「土木設計業務等の電子納品要領（案）（国土交通省・平成20年5月）（以下「要領」という。」に基づいて作成した電子データにより成果品を提出するものとする。「要領」で特に記載が無い項目については、調査職員と協議のうえ決定するものとする。なお、電子納品に対応するための措置については「電子納品運用ガイドライン（案）【業務編】（国土交通省・平成21年6月）」に基づくものとする。	４．受注者は、「土木設計業務等の電子納品要領（案）（国土交通省・平成20年5月）（以下「要領」という。」に基づいて作成した電子データにより設計成果物を提出するものとする。「要領」で特に記載が無い項目については、監督職員と協議のうえ決定するものとする。なお、電子納品に対応するための措置については「電子納品運用ガイドライン（案）【業務編】（国土交通省・平成21年6月）」に基づくものとする。	
第1118条 関連法令及び条例の遵守	受注者は、設計業務等の実施に当たっては、関連する関係諸法令及び条例等を遵守しなければならない。	受注者は、設計の実施に当たっては、関連する関係諸法令及び条例等を遵守しなければならない。	
第1119条 検査	１．受注者は、契約書第31条第1項の規定に基づき、業務完了報告書を発注者に提出する際には、契約図書により義務付けられた資料の整備がすべて完了し、調査職員に提出していなければならない。	１．工事完成通知書の提出 受注者は、契約書第31条の規定に基づき、工事完成通知書を監督職員に提出しなければならない。	土木工事共通仕様書と同一
	２．発注者は、設計業務等の検査に先立って受注者に対して書面をもって検査日を通知するものとする。この場合において受注者は、検査に必要な書類及び資料等を整備するとともに、屋外で行う検査においては、必要な人員及び機材を準備し、提供しなければならない。この場合検査に要する費用は受注者の負担とする。	２．工事完成検査の要件 受注者は、工事完成通知書を監督職員に提出する際には、以下の各号に掲げる要件をすべて満たさなくてはならない。 （１）設計図書（追加、変更指示も含む。）に示されるすべての工事が完成していること。 （２）契約書第17条第1項及び第2項の規定に基づき、監督職員の請求した修補及び改造が完了していること。 （３）設計図書により義務付けられた工事記録写真、出来形管理資料、工事関係図等の資料の整備がすべて完了していること。 （４）契約変更を行う必要が生じた工事においては、最終変更契約を発注者と締結していること。	土木工事共通仕様書を修正
	３．検査職員は、調査職員及び管理技術者の立会の上、次の各号に掲げる検査を行うものとする。 （１）設計業務等成果品の検査 （２）設計業務等管理状況の検査 設計業務等の状況について、書類、記録及び写真等により検査を行う。 なお、電子納品の検査時の対応については「電子納品運用ガイドライン（案）【業務編】（国土交通省・平成21年6月）」に基づくものとする。	３．検査日の通知 発注者は、工事完成検査に先立って、監督職員を通じて受注者に対して検査日を通知するものとする。	土木工事共通仕様書と同一
		４．検査内容 検査職員は、監督職員及び管理技術者等の立会の上、次の各号に掲げる検査を行うものとする。 （１）設計成果物の検査 （２）設計管理状況の検査 設計の状況について、書類、記録及び写真等により検査を行う。	第3項より移設

		なお、電子納品の検査時の対応については「電子納品運用ガイドライン（案）【業務編】（国土交通省・平成21年6月）」に基づくものとする。	
第1120条 修補	１．受注者は、修補は速やかに行わなければならない。	（同左）	
	２．検査職員は、修補の必要があると認めた場合には、受注者に対して期限を定めて修補を指示することができるものとする。	（同左）	
	３．検査職員が修補の指示をした場合において、修補の完了の確認は検査職員の指示に従うものとする。	（同左）	
	４．検査職員が指示した期間内に修補が完了しなかった場合には、発注者は、契約書第31条第2項の規定に基づき検査の結果を受注者に通知するものとする。	（同左）	
第1121条 条件変更等	１．契約書第18条第1項第5号に規定する「予期することのできない特別な状態」とは、契約書第29条第1項に規定する天災その他の不可抗力による場合のほか、発注者と受注者が協議し当該規定に適合すると判断した場合とする。	１．契約書第18条第1項第6号に規定する「予期することのできない特別な状態」とは、契約書第29条第1項に規定する天災その他の不可抗力による場合のほか、発注者と受注者が協議し当該規定に適合すると判断した場合とする。	
	２．調査職員が、受注者に対して契約書第18条、第19条及び第21条の規定に基づく設計図書の変更又は訂正の指示を行う場合は、指示書によるものとする。	２．監督職員が、受注者に対して契約書第18条及び第19条の規定に基づく設計図書の変更又は訂正の指示を行う場合は、指示書によるものとする。	
第1122条 契約変更	１．発注者は、次の各号に掲げる場合において、設計業務等委託契約の変更を行うものとする。	（削除）	工事全体として契約書の規定による
	（１）業務内容の変更により業務委託料に変更を生じる場合 （２）履行期間の変更を行う場合 （３）調査職員と受注者が協議し、設計業務等施行上必要があると認められる場合 （４）契約書第30条の規定に基づき委託料の変更に代える設計図書の変更を行った場合	（削除）	工事全体として契約書の規定による
	２．発注者は、前項の場合において、変更する契約図書を次の各号に基づき作成するものとする。	（削除）	工事全体として契約書の規定による
	（１）第1120条の規定に基づき調査職員が受注者に指示した事項 （２）設計業務等の一時中止に伴う増加費用及び履行期間の変更等決定済の事項 （３）その他発注者又は調査職員と受注者との協議で決定された事項	（削除）	工事全体として契約書の規定による
第1123条 履行期間の変更	１．発注者は、受注者に対して設計業務等の変更の指示を行う場合において履行期間変更協議の対象であるか否かを合わせて事前に通知しなければならない。	（削除）	設計の履行期間だけの変更は行わない
	２．発注者は、履行期間変更協議の対象であると確認された事項及び設計業務等の一時中止を指示した事項であっても残履行期間及び残業務量等から履行期間の変更が必要でないと判断した場合は、履行期間の変更を行わない旨	（削除）	設計の履行期間だけの変更は行わない

	の協議に代えることができるものとする。		
	3．受注者は、契約書第22条の規定に基づき、履行期間の延長が必要と判断した場合には、履行期間の延長理由、必要とする延長日数の算定根拠、変更工程表その他必要な資料を発注者に提出しなければならない。	（削除）	設計の履行期間だけの変更は行わない
	4．契約書第23条に基づき、発注者の請求により履行期限を短縮した場合には、受注者は、速やかに業務工程表を修正し提出しなければならない。	（削除）	設計の履行期間だけの変更は行わない
第1124条 一時中止	1．契約書第20条第1項の規定により、次の各号に該当する場合において、発注者は、受注者に書面をもって通知し、必要と認める期間、設計業務等の全部又は一部を一時中止させるものとする。 なお、暴風、豪雨、洪水、高潮、地震、地すべり、落盤、火災、騒乱、暴動その他自然的又は人為的な事象（以下「天災等」という。）による設計業務等の中断については、第1133条臨機の措置により、受注者は、適切に対応しなければならない。	1．契約書第20条第2項の規定により、次の各号に該当する場合において、発注者は、受注者に書面をもって通知し、必要と認める期間、設計の全部又は一部を一時中止させるものとする。 なお、暴風、豪雨、洪水、高潮、地震、地すべり、落盤、火災、騒乱、暴動その他自然的又は人為的な事象（以下「天災等」という。）による設計の中断については、第1133条臨機の措置により、受注者は、適切に対応しなければならない。	
	（1）第三者の土地への立入り許可が得られない場合	（同左）	
	（2）関連する他の業務等の進捗が遅れたため、設計業務等の続行を不適当と認めた場合	（2）関連する他の業務等の進捗が遅れたため、設計の続行を不適当と認めた場合	
	（3）環境問題等の発生により設計業務等の続行が不適当又は不可能となった場合	（3）環境問題等の発生により設計の続行が不適当又は不可能となった場合	
	（4）天災等により設計業務等の対象箇所の状態が変動した場合	（4）天災等により設計の対象箇所の状態が変動した場合	
	（5）第三者及びその財産、受注者、使用人等並びに調査職員の安全確保のため必要があると認めた場合	（5）第三者及びその財産、受注者、使用人等並びに監督職員の安全確保のため必要があると認めた場合	
	（6）前各号に掲げるものの他、発注者が必要と認めた場合	（同左）	
	2．発注者は、受注者が契約図書に違反し、又は調査職員の指示に従わない場合等、調査職員が必要と認めた場合には、設計業務等の全部又は一部の一時中止をさせることができるものとする。	2．発注者は、受注者が契約図書に違反し、又は監督職員の指示に従わない場合等、監督職員が必要と認めた場合には、設計の全部又は一部の一時中止をさせることができるものとする。	
	3．前2項の場合において、受注者は屋外で行う設計業務等の現場の保全については、調査職員の指示に従わなければならない。	3．前2項の場合において、受注者は屋外で行う設計に係わる調査等の現場の保全については、監督職員の指示に従わなければならない。	
第1125条 発注者の賠償責任	発注者は、以下の各号に該当する場合、損害の賠償を行わなければならない。	（同左）	
	（1）契約書第27条に規定する一般的損害、契約書第28条に規定する第三者に及ぼした損害について、発注者の責に帰すべき損害とされた場合	（同左）	
	（2）発注者が契約に違反し、その違反により契約の履行が不可能となった場合	（同左）	
第1126条 受注者の賠	受注者は、以下の各号に該当する場合、損害の賠償を行わなければならない。	（同左）	

償責任			
	（1）契約書第27条に規定する一般的損害、契約書第28条に規定する第三者に及ぼした損害について、受注者の責に帰すべき損害とされた場合	（同左）	
	（2）契約書第40条に規定する瑕疵責任に係る損害	（2）契約書第44条に規定する瑕疵責任に係る損害	
	（3）受注者の責により損害が生じた場合	（同左）	
第1127条 部分使用	1．発注者は、次の各号に掲げる場合において、契約書第33条の規定に基づき、受注者に対して部分使用を請求することができるものとする。 （1）別途設計業務等の使用に供する必要がある場合 （2）その他特に必要と認められた場合	（削除）	設計成果物だけの部分使用は行わない。
	2．受注者は、部分使用に同意した場合は、部分使用同意書を発注者に提出するものとする。	（削除）	設計成果物だけの部分使用は行わない
第1128条 再委託	1．契約書第7条第1項に規定する「主たる部分」とは、次の各号に掲げるものをいい、受注者は、これを再委託することはできない。	1．契約書第6条の2（A）第1項に規定する「主たる部分」とは、次の各号に掲げるものをいい、受注者は、これを再委託することはできない。	
	（1）設計業務等における総合的企画、業務遂行管理、手法の決定及び技術的判断等	（1）設計における総合的企画、設計遂行管理、手法の決定及び技術的判断等	
	（2）解析業務における手法の決定及び技術的判断	（同左）	
	2．契約書第7条第3項ただし書きに規定する「軽微な部分」は、コピー、印刷、製本及び資料の収集・単純な集計とする。	2．契約書第6条の2（A）第3項及び第6条の2（B）のただし書きに規定する「軽微な部分」は、コピー、印刷、製本及び資料の収集・単純な集計とする。	
	3．受注者は、第1項及び第2項に規定する業務以外の再委託にあたっては、発注者の承諾を得なければならない。	（同左）	
	4．会計法第29条の3第4項の規定に基づき契約の性質又は目的が競争を許さないとして随意契約により契約を締結した業務においては、発注者は、前項に規定する承諾の申請があったときは、原則として業務委託料の3分の1以内で申請がなされた場合に限り、承諾を行うものとする。ただし、業務の性質上、これを超えることがやむを得ないと発注者が認めたときは、この限りではない。	（削除）	
	5．受注者は、設計業務等を再委託に付する場合、書面により協力者との契約関係を明確にしておくとともに、協力者に対し適切な指導、管理のもとに設計業務等を実施しなければならない。	5．受注者は、設計を再委託に付する場合、書面により協力者との契約関係を明確にしておくとともに、協力者に対し適切な指導、管理のもとに設計等を実施しなければならない。	
	なお、協力者は、国土交通省関東地方整備局の建設コンサルタント業務等指名競争参加資格者である場合は、国土交通省関東地方整備局の指名停止期間中であってはならない。	なお、協力者は、国土交通省○○地方整備局の建設コンサルタント業務等指名競争参加資格者である場合は、国土交通省○○地方整備局の指名停止期間中であってはならない。	
第1129条 成果物の使	1．受注者は、契約書第6条第5項の定めに従い、発注者の承諾を得て単独	受注者は、契約書第5条の2第4項の定めに従い、発注者の承諾を得て単独	

用等	で又は他の者と共同で、成果品を発表することができる。	で又は他の者と共同で、設計成果物を発表することができる。	
	2．受注者は、著作権、特許権その他第三者の権利の対象となっている設計方法等の使用に関し、設計図書に明示がなく、その費用負担を契約書第8条に基づき発注者に求める場合には、第三者と補償条件の交渉を行う前に発注者の承諾を受けなければならない。	（同左）	
第1130条 守秘義務	1．受注者は、契約書第1条第5項の規定により、業務の実施過程で知り得た秘密を第三者に漏らしてはならない。	1．受注者は、契約書第1条第5項の規定により、設計の実施過程で知り得た秘密を第三者に漏らしてはならない。	
	2．受注者は、当該業務の結果（業務処理の過程において得られた記録等を含む）を他人に閲覧させ、複写させ、又は譲渡してはならない。ただし、あらかじめ発注者の書面による承諾を得たときはこの限りではない。	2．受注者は、設計成果物（設計処理の過程において得られた記録等を含む）を他人に閲覧させ、複写させ、又は譲渡してはならない。ただし、あらかじめ発注者の書面による承諾を得たときはこの限りではない。	
	3．受注者は、本業務に関して発注者から貸与された情報その他知り得た情報を第1010条に示す業務計画書の業務組織計画に記載される者以外には秘密とし、また、当該業務の遂行以外の目的に使用してはならない。	3．受注者は、設計に関して発注者から貸与された情報その他知り得た情報を第1112条に示す設計計画書の設計組織計画に記載される者以外には秘密とし、また、当該設計の遂行以外の目的に使用してはならない。	
	4．受注者は、当該業務に関して発注者から貸与された情報、その他知り得た情報を当該業務の終了後においても他社に漏らしてはならない。	4．受注者は、当該設計に関して発注者から貸与された情報、その他知り得た情報を当該設計等の終了後においても他社に漏らしてはならない。	
	5．取り扱う情報は、当該業務のみに使用し、他の目的には使用しないこと。また、発注者の許可なく複製しないこと。	5．取り扱う情報は、当該設計のみに使用し、他の目的には使用しないこと。また、発注者の許可なく複製しないこと。	
	6．受注者は、当該業務完了時に、発注者への返却若しくは消去又は破棄を確実に行うこと。	6．受注者は、当該設計完了時に、発注者への返却若しくは消去又は破棄を確実に行うこと。	
	7．受注者は、当該業務の遂行において貸与された発注者の情報の外部への漏洩若しくは目的外利用が認められ又はそのおそれがある場合には、これを速やかに発注者に報告するものとする。	7．受注者は、当該設計の遂行において貸与された発注者の情報の外部への漏洩若しくは目的外利用が認められ又はそのおそれがある場合には、これを速やかに発注者に報告するものとする。	
第1131条 個人情報の取扱い	1．基本的事項 受注者は、個人情報の保護の重要性を認識し、この契約による事務を処理するための個人情報の取扱いに当たっては、個人の権利利益を侵害することのないよう、行政機関の保有する個人情報の保護に関する法律（平成15年5月30日法律第58号）及び同施行令に基づき、個人情報の漏えい、滅失、改ざん又はき損の防止その他の個人情報の適切な管理のために必要な措置を講じなければならない。	（同左）	
	2．秘密の保持 受注者は、この契約による事務に関して知り得た個人情報の内容をみだりに他人に知らせ、又は不当な目的に使用してはならない。この契約が終了し、又は解除された後においても同様とする。	（同左）	
	3．取得の制限 受注者は、この契約による事務を処理するために個人情報を取得するとき	（同左）	

7．資料

	は、あらかじめ、本人に対し、その利用目的を明示しなければならない。また、当該利用目的の達成に必要な範囲内で、適正かつ公正な手段で個人情報を取得しなければならない。		
	4．利用及び提供の制限 受注者は、発注者の指示又は承諾があるときを除き、この契約による事務を処理するための利用目的以外の目的のために個人情報を自ら利用し、又は提供してはならない。	（同左）	
	5．複写等の禁止 受注者は、発注者の指示又は承諾があるときを除き、この契約による事務を処理するために発注者から提供を受けた個人情報が記録された資料等を複写し、又は複製してはならない。	（同左）	
	6．再委託の禁止 受注者は、発注者の指示又は承諾があるときを除き、この契約による事務を処理するための個人情報については自ら取り扱うものとし、第三者にその取り扱いを伴う事務を再委託してはならない。	（同左）	
	7．事案発生時における報告 受注者は、個人情報の漏えい等の事案が発生し、又は発生するおそれがあることを知ったときは、速やかに発注者に報告し、適切な措置を講じなければならない。なお、発注者の指示があった場合はこれに従うものとする。また、契約が終了し、又は解除された後においても同様とする。	（同左）	
	8．資料等の返却等 受注者は、この契約による事務を処理するために発注者から貸与され、又は受注者が収集し、若しくは作成した個人情報が記録された資料等を、この契約の終了後又は解除後速やかに発注者に返却し、又は引き渡さなければならない。ただし、発注者が、廃棄又は消去など別の方法を指示したときは、当該指示に従うものとする。	（同左）	
	9．管理の確認等 発注者は、受注者における個人情報の管理の状況について適時確認することができる。また、発注者は必要と認めるときは、受注者に対し個人情報の取り扱い状況について報告を求め、又は検査することができる。	（同左）	
	10．管理体制の整備 受注者は、この契約による事務に係る個人情報の管理に関する責任者を特定するなど管理体制を定めなければならない。	（同左）	
	11．従事者への周知 受注者は、従事者に対し、在職中及び退職後においてもこの契約による事務に関して知り得た個人情報の内容をみだりに他人に知らせ、又は不当な目的に使用してはならないことなど、個人情報の保護に関して必要な事項を周知しなければならない。	（同左）	

第1132条 安全等の確保	1．受注者は、屋外で行う設計業務等の実施に際しては、設計業務等関係者だけでなく、付近住民、通行者、通行車両等の第三者の安全確保に努めなければならない。	1．受注者は、屋外で行う設計に係わる調査等の実施に際しては、設計実施等関係者だけでなく、付近住民、通行者、通行車両等の第三者の安全確保に努めなければならない。	
	2．受注者は、特記仕様書に定めがある場合には所轄警察署、道路管理者、鉄道事業者、河川管理者、労働基準監督署等の関係者及び関係機関と緊密な連絡を取り、設計業務等実施中の安全を確保しなければならない。	2．受注者は、特記仕様書に定めがある場合には所轄警察署、道路管理者、鉄道事業者、河川管理者、労働基準監督署等の関係者及び関係機関と緊密な連絡を取り、設計実施中の安全を確保しなければならない。	
	3．受注者は、屋外で行う設計業務等の実施に当たり、事故が発生しないよう使用人等に安全教育の徹底を図り、指導、監督に努めなければならない。	3．受注者は、屋外で行う設計に係わる調査等の実施に当たり、事故が発生しないよう使用人等に安全教育の徹底を図り、指導、監督に努めなければならない。	
	4．受注者は、屋外で行う設計業務等の実施にあたっては安全の確保に努めるとともに、労働安全衛生法等関係法令に基づく措置を講じておくものとする。	4．受注者は、屋外で行う設計に係わる調査等の実施にあたっては安全の確保に努めるとともに、労働安全衛生法等関係法令に基づく措置を講じておくものとする。	
	5．受注者は、屋外で行う設計業務等の実施にあたり、災害予防のため、次の各号に掲げる事項を厳守しなければならない。	5．受注者は、屋外で行う設計に係わる調査等の実施にあたり、災害予防のため、次の各号に掲げる事項を厳守しなければならない。	
	（1）屋外で行う設計業務等に伴い伐採した立木等を焼却する場合には、関係法令を遵守するとともに、関係官公署の指導に従い必要な措置を講じなければならない。	（1）屋外で行う設計に係わる調査等に伴い伐採した立木等を焼却する場合には、関係法令を遵守するとともに、関係官公署の指導に従い必要な措置を講じなければならない。	
	（2）受注者は、喫煙等の場所を指定し、指定場所以外での火気の使用を禁止しなければならない。	（同左）	
	（3）受注者は、ガソリン、塗料等の可燃物を使用する必要がある場合には、周辺に火気の使用を禁止する旨の標示を行い、周辺の整理に努めなければならない。	（同左）	
	6．受注者は、爆発物等の危険物を使用する必要がある場合には、関係法令を遵守するとともに、関係官公署の指導に従い、爆発等の防止の措置を講じなければならない。	（同左）	
	7．受注者は、屋外で行う設計業務等の実施にあたっては豪雨、豪雪、出水、地震、落雷等の自然災害に対して、常に被害を最小限にくい止めるための防災体制を確立しておかなければならない。災害発生時においては第三者及び使用人等の安全確保に努めなければならない。	7．受注者は、屋外で行う設計に係わる調査等の実施にあたっては豪雨、豪雪、出水、地震、落雷等の自然災害に対して、常に被害を最小限にくい止めるための防災体制を確立しておかなければならない。災害発生時においては第三者及び使用人等の安全確保に努めなければならない。	
	8．受注者は、屋外で行う設計業務等実施中に事故等が発生した場合は、直ちに調査職員に報告するとともに、調査職員が指示する様式により事故報告書を速やかに調査職員に提出し、調査職員から指示がある場合にはその指示に従わなければならない。	8．受注者は、屋外で行う設計に係わる調査等実施中に事故等が発生した場合は、直ちに監督職員に報告するとともに、監督職員が指示する様式により事故報告書を速やかに監督職員に提出し、監督職員から指示がある場合にはその指示に従わなければならない。	
第1133条 臨機の措置	1．受注者は、災害防止等のため必要があると認めるときは、臨機の措置をとらなければならない。また、受注者は、措置をとった場合には、その内容をすみやかに調査職員に報告しなけれ	1．受注者は、災害防止等のため必要があると認めるときは、臨機の措置をとらなければならない。また、受注者は、措置をとった場合には、その内容をすみやかに監督職員に報告しなけれ	

	ばならない。	ばならない。	
	2．調査職員は、天災等に伴い成果物の品質および履行期間の遵守に重大な影響があると認められるときは、受注者に対して臨機の措置をとることを請求することができるものとする。	2．監督職員は、天災等に伴い設計成果物の品質および工期の遵守に重大な影響があると認められるときは、受注者に対して臨機の措置をとることを請求することができるものとする。	
第1134条履行報告	受注者は、契約書第15条の規定に基づき、履行状況報告を作成し、調査職員に提出しなければならない。	受注者は、契約書第11条の規定に基づき、工事履行報告書を監督職員に提出しなければならない。	土木工事共通仕様書と同一
第1135条屋外で作業を行う時期及び時間の変更	1．受注者は、設計図書に屋外で作業を行う期日及び時間が定められている場合でその時間を変更する必要がある場合は、あらかじめ調査職員と協議するものとする。	受注者は、設計図書に屋外で作業を行う期日及び時間が定められている場合でその時間を変更する必要がある場合は、あらかじめ監督職員と協議するものとする。	
	2．受注者は、設計図書に屋外で作業を行う期日及び時間が定められていない場合で、官公庁の休日又は夜間に作業を行う場合は、事前に理由を付した書面によって調査職員に提出しなければならない。	受注者は、設計図書に屋外で作業を行う期日及び時間が定められていない場合で、官公庁の休日又は夜間に作業を行う場合は、事前に理由を付した書面によって監督職員に提出しなければならない。	
第1136条コスト調査	予算決算及び会計令第85条の基準に基づく価格を下回る価格で契約した場合においては、受注者は下記の事項に協力しなければならない。	（削除）	
	1．受注者は、業務コスト調査に係わる調査票等の作成を行い、業務完了日の翌日から起算して90日以内に発注者に提出するものとする。なお、調査票等については別途調査職員から指示するものとする。	（削除）	
	2．受注者は、提出された調査票等の内容を確認するために調査職員がヒアリング調査を実施する場合、当該調査に応じるものとする。	（削除）	
第1137条行政情報流出防止対策の強化	1．受注者は、本業務の履行に関する全ての行政情報について適切な流出防止対策をとらなければならない。	1．受注者は、設計の実施に関する全ての行政情報について適切な流出防止対策をとらなければならない。	
	2．受注者は、以下の業務における行政情報流出防止対策の基本的事項を遵守しなければならない。	2．受注者は、以下の設計における行政情報流出防止対策の基本的事項を遵守しなければならない。	
	（関係法令等の遵守）行政情報の取り扱いについては、関係法令を遵守するほか、本規定及び発注者の指示する事項を遵守するものとする。	（同左）	
	（行政情報の目的外使用の禁止）受注者は、発注者の許可無く本業務の履行に関して取り扱う行政情報を本業務の目的以外に使用してはならない。	（行政情報の目的外使用の禁止）受注者は、発注者の許可無く本設計の実施に関して取り扱う行政情報を本設計の目的以外に使用してはならない。	
	（社員等に対する指導）1）受注者は、受注者の社員、短時間特別社員、特別臨時作業員、臨時雇い、嘱託及び派遣労働者並びに取締役、相談役及び顧問、その他全ての従業員（以下「社員等」という。）に対し行政情報の流出防止対策について、周知徹底を図るものとする。	（同左）	
	2）受注者は、社員等の退職後においても行政情報の流出防止対策を徹底させるものとする。	（同左）	
	3）受注者は、発注者が再委託を認め	3）受注者は、発注者が再委託を認め	

	た業務について再委託をする場合には、再委託先業者に対し本規定に準じた行政情報の流出防止対策に関する確認を行うこと。	た設計について再委託をする場合には、再委託先業者に対し本規定に準じた行政情報の流出防止対策に関する確認を行うこと。	
	（契約終了時等における行政情報の返却）　受注者は、本業務の履行に関し発注者から提供を受けた行政情報（発注者の許可を得て複製した行政情報を含む。以下同じ。）については、本業務の実施完了後又は本業務の実施途中において発注者から返還を求められた場合、速やかに直接発注者に返却するものとする。本業務の実施において付加、変更、作成した行政情報についても同様とする。	（契約終了時等における行政情報の返却）　受注者は、本設計の実施に関し発注者から提供を受けた行政情報（発注者の許可を得て複製した行政情報を含む。以下同じ。）については、本設計の実施完了後又は本設計の実施途中において発注者から返還を求められた場合、速やかに直接発注者に返却するものとする。本設計の実施において付加、変更、作成した行政情報についても同様とする。	
	（電子情報の管理体制の確保） 1）受注者は、電子情報を適正に管理し、かつ、責務を負う者（以下「情報管理責任者」という。）を選任及び配置するものとする。	（同左）	
	2）受注者は次の事項に関する電子情報の管理体制を確保しなければならない。 イ　本業務で使用するパソコン等のハード及びソフトに関するセキュリティ対策 ロ　電子情報の保存等に関するセキュリティ対策 ハ　電子情報を移送する際のセキュリティ対策	2）受注者は次の事項に関する電子情報の管理体制を確保しなければならない。 イ　本設計で使用するパソコン等のハード及びソフトに関するセキュリティ対策 ロ　電子情報の保存等に関するセキュリティ対策 ハ　電子情報を移送する際のセキュリティ対策	
	（電子情報の取り扱いに関するセキュリティの確保） 受注者は、本業務の実施に際し、情報流出の原因につながる以下の行為をしてはならない。 イ　情報管理責任者が使用することを認めたパソコン以外の使用 ロ　セキュリティ対策の施されていないパソコンの使用 ハ　セキュリティ対策を施さない形式での重要情報の保存 ニ　セキュリティ機能のない電磁的記録媒体を使用した重要情報の移送 ホ　情報管理責任者の許可を得ない重要情報の移送	（電子情報の取り扱いに関するセキュリティの確保） 受注者は、本設計の実施に際し、情報流出の原因につながる以下の行為をしてはならない。 イ　情報管理責任者が使用することを認めたパソコン以外の使用 ロ　セキュリティ対策の施されていないパソコンの使用 ハ　セキュリティ対策を施さない形式での重要情報の保存 ニ　セキュリティ機能のない電磁的記録媒体を使用した重要情報の移送 ホ　情報管理責任者の許可を得ない重要情報の移送	
	（事故の発生時の措置） 1）受注者は、本業務の履行に関して取り扱う行政情報について何らかの事由により情報流出事故にあった場合には、速やかに発注者に届け出るものとする。	（事故の発生時の措置） 1）受注者は、本設計の実施に関して取り扱う行政情報について何らかの事由により情報流出事故にあった場合には、速やかに発注者に届け出るものとする。	
	2）この場合において、速やかに、事故の原因を明確にし、セキュリティ上の補完措置をとり、事故の再発防止の措置を講ずるものとする。	（同左）	
	3．発注者は、受注者の行政情報の管理体制等について、必要に応じ、報告を求め、検査確認を行う場合がある。	（同左）	
第1138条　暴力団員等による不当介入を受けた場合の措	1．受注者は、暴力団員等による不当介入を受けた場合は、断固としてこれを拒否すること。また、不当介入を受けた時点で速やかに警察に通報を行うとともに、捜査上必要な協力を行うこ	（同左）	

置	と。下請負人等が不当介入を受けたことを認知した場合も同様とする。		
	2．1．により警察に通報又は捜査上必要な協力を行った場合には、速やかにその内容を記載した書面により発注者に報告すること。	（同左）	
	3．1．及び2．の行為を怠ったことが確認された場合は、指名停止等の措置を講じることがある。	（同左）	
	4．暴力団員等による不当介入を受けたことにより工程に遅れが生じる等の被害が生じた場合は、発注者と協議しなければならない。	（同左）	
第2章 設計業務等一般			
第1201条 使用する技術基準等	受注者は、業務の実施にあたって、最新の技術基準及び参考図書並びに特記仕様書に基づいて行うものとする。なお、使用にあたっては、事前に調査職員の承諾を得なければならない。	受注者は、設計の実施にあたって、最新の技術基準及び参考図書並びに特記仕様書に基づいて行うものとする。なお、使用にあたっては、事前に監督職員の承諾を得なければならない。	
第1202条 現地踏査	受注者は、設計業務等の実施にあたり、現地踏査を行い設計等に必要な現地の状況を把握するものとする。	受注者は、設計の実施にあたり、現地踏査を行い設計に必要な現地の状況を把握するものとする。	
第1203条 設計業務等の種類	1．設計業務等とは、調査業務、計画業務、設計業務をいう。	（削除）	
	2．この共通仕様書で規定する設計業務等は、新たに設ける各種施設物を対象とするが、供用後における改築又は修繕が必要となる各種施設物についても、これを準用するものとする。	（削除）	
第1204条 調査業務の内容	調査業務とは、第1202条の現地踏査、文献等の資料収集、現地における観測・測定等の内で、特記仕様書に示された項目を調査し、その結果の取りまとめを行うことをいう。	（削除）	
	なお、同一の業務として、この調査結果を基にして解析及び検討を行うことについても、これを調査業務とする。	（削除）	
第1205条 計画業務の内容	計画業務とは、第1112条に定める貸与資料及び第1201条に定める適用基準等及び設計図書等を用いて解析、検討を行い、各種計画の立案を行うことをいう。 なお、同一の業務として解析、検討を行うための資料収集等を行うことについても、これを計画業務とする。	（削除）	
第1206条 設計業務の内容	1．設計業務とは、第1112条に定める貸与資料及び第1201条に定める適用基準等及び設計図書等を用いて、原則として基本計画、概略設計、予備設計あるいは詳細設計を行うことをいう。	（削除）	
	2．基本計画とは、設計の同一の業務として設計対象となる各種施設物の基礎的諸元を設定するものをいう。	（削除）	
	3．概略設計とは、地形図、地質資料、現地踏査結果、文献及び設計条件等に基づき目的構造物の比較案または最適案を提案するものをいう。	（削除）	

	4．予備設計とは、空中写真図又は実測図、地質資料、現地踏査結果、文献、概略設計等の成果品及び設計条件に基づき、目的構造物の比較案について技術的、社会的、経済的な側面からの評価、検討を加え、最適案を選定した上で、平面図、縦横断面図、構造物等の一般図、計画概要書、概略数量計算書、概算工事費等を作成するものをいう。なお、同一の業務として目的構造物の比較案を提案することについてもこれを、予備設計とする。	（削除）	
	5．詳細設計とは、実測平面図（空中写真図を含む）、縦横断面図、予備設計等の成果品、地質資料、現地踏査結果及び設計条件等に基づき工事発注に必要な平面図、縦横断面図、構造物等の詳細設計図、設計計算書、工種別数量計算書、施工計画書等を作成するものをいう。	5．設計とは、施工に必要な平面図、縦横断面図、構造物等の詳細設計図、設計計算書、工種別数量計算書等を作成するものをいう。	
第1207条 調査業務の条件	1．受注者は、業務の着手にあたり、第1112条に定める貸与資料、第1201条に定める適用基準等及び設計図書を基に調査条件を確認する。受注者は、これらの図書等に示されていない調査条件を設定する必要がある場合は、事前に調査職員の指示または承諾を受けなければならない。	（削除）	
	2．受注者は、現地踏査あるいは資料収集を実施する場合に、第1112条に定める貸与資料等及び設計図書に示す調査事項と照合して、現地踏査による調査対象項目あるいは資料収集対象項目を整理し、調査職員の承諾を得るものとする。	（削除）	
	3．受注者は、本条2項に基づき作業した結果と、第1112条の貸与資料と相違する事項が生じた場合に、調査対象項目あるいは資料収集対象項目を調査職員と協議するものとする。	（削除）	
	4．受注者は、設計図書及び第1201条に定める諸基準等に示された以外の解析方法等を用いる場合に、使用する理論、公式等について、その理由を付して調査職員の承諾を得るものとする。	（削除）	
第1208条 計画業務の条件	1．受注者は、業務の着手にあたり、第1112条に定める貸与資料、第1201条に定める適用基準等及び設計図書を基に計画条件を確認する。受注者は、これらの図書等に示されていない計画条件を設定する必要がある場合は、事前に調査職員の指示または承諾を受けなければならない。	（削除）	
	2．受注者は、現地踏査あるいは資料収集を実施する場合に、第1112条に定める貸与資料等及び設計図書に示す計画事項と照合して、現地踏査による調査対象項目あるいは資料収集対象項目を整理し、調査職員の承諾を得るものとする。	（削除）	

	３．受注者は、本条２項に基づき作業を行った結果と、第1112条の貸与資料と相違する事項が生じた場合に、調査対象項目あるいは資料収集対象項目を調査職員と協議するものとする。	（削除）	
	４．受注者は、設計図書及び第1201条に定める諸基準等に示された以外の解析方法等を用いる場合に、使用する理論、公式等について、その理由を付して調査職員の承諾を得るものとする。	（削除）	
第1209条 設計業務の条件	１．受注者は、業務の着手にあたり、第1112条に定める貸与資料、第1201条に定める適用基準等及び設計図書を基に設計条件を設定し、調査職員の承諾を得るものとする。また、受注者は、これらの図書等に示されていない設計条件を設定する必要がある場合は、事前に調査職員の指示または承諾を受けなければならない。	１．受注者は、設計の着手にあたり、第1112条に定める貸与資料、第1201条に定める適用基準等及び設計図書を基に設計条件を設定し、監督職員の承諾を得るものとする。また、受注者は、これらの図書等に示されていない設計条件を設定する必要がある場合は、事前に監督職員の指示または承諾を受けなければならない。	
	２．受注者は、現地踏査あるいは資料収集を実施する場合に、第1112条に定める貸与資料等及び設計図書に示す設計事項と照合して、現地踏査による調査対象項目あるいは資料収集対象項目を整理し、調査職員の承諾を得るものとする。	２．受注者は、現地踏査あるいは資料収集を実施する場合に、第1112条に定める貸与資料等及び設計図書に示す設計事項と照合して、現地踏査による調査対象項目あるいは資料収集対象項目を整理し、監督職員の承諾を得るものとする。	
	３．受注者は、本条２項において、第1112条の貸与資料と相違する事項が生じた場合に、調査対象項目あるいは資料収集対象項目を調査職員と協議するものとする。	３．受注者は、本条２項において、第1112条の貸与資料と相違する事項が生じた場合に、調査対象項目あるいは資料収集対象項目を監督職員と協議するものとする。	
	４．受注者は、設計図書及び第1201条に定める適用基準等に示された以外の解析方法等を用いる場合に、使用する理論、公式等について、その理由を付して調査職員の承諾を得るものとする。	４．受注者は、設計図書及び第1201条に定める適用基準等に示された以外の解析方法等を用いる場合に、使用する理論、公式等について、その理由を付して監督職員の承諾を得るものとする。	
	５．受注者は、設計に当たって特許工法等特殊な工法を使用する場合には、調査職員の承諾を得るものとする。	５．受注者は、設計に当たって特許工法等特殊な工法を使用する場合には、監督職員の承諾を得るものとする。	
	６．設計に採用する材料、製品は原則としてＪＩＳ、ＪＡＳの規格品及びこれと同等品以上とするものとする。	（同左）	
	７．設計において、土木構造物標準設計図集（建設省（国土交通省））に集録されている構造物については、発注者は、採用構造物名の呼び名を設計図書に明示し、受注者はこれを遵守するものとする。なお、これらに定められた数量計算は単位当たり数量をもととして行うものとする。	（同左）	
	８．受注者は、設計計算書の計算に使用した理論、公式の引用、文献等並びにその計算過程を明記するものとする。	（同左）	
	９．受注者は、設計にあたって建設副産物の発生、抑制、再利用の促進等の視点を取り入れた設計を行うものとする。また、建設副産物の検討成果として、リサイクル計画書を作成するものとする。	（同左）	

	10．電子計算機によって設計計算を行う場合は、プログラムと使用機種について事前に調査職員と協議するものとする。	10．電子計算機によって設計計算を行う場合は、プログラムと使用機種について事前に監督職員と協議するものとする。	
	11．受注者は、概略設計又は予備設計を行った結果、後段階の設計において一層のコスト縮減の検討の余地が残されている場合は、最適案として選定された1ケースについてコスト縮減の観点より、形状、構造、使用材料、施工方法等について、後設計時に検討すべきコスト縮減提案を行うものとする。	（削除）	
	この提案は概略設計又は予備設計を実施した受注者がその設計を通じて得た着目点・留意事項等（コスト縮減の観点から後設計時に一層の検討を行うべき事項）について、後設計を実施する技術者に情報を適切に引き継ぐためのものであり、本提案のために新たな計算等の作業を行う必要はない。	（削除）	
	12．受注者は、概略設計又は予備設計における比較案の提案、もしくは、概略設計における比較案を予備設計において評価、検討する場合には、新技術情報提供システム（NETIS）等を利用し、「推奨技術」「準推奨技術」「設計比較対象技術」「少実績優良技術」「活用促進技術」等有用な新技術・新工法を積極的に活用するための検討を行うものとする。また、受注者は、詳細設計における工法等の選定においては、新技術情報提供システム（NETIS）等を利用し、「推奨技術」「準推奨技術」「設計比較対象技術」「少実績優良技術」「活用促進技術」等有用な新技術・新工法を積極的に活用するための検討を行い、調査職員と協議のうえ、採用する工法等を決定した後に設計を行うものとする。	（削除）	
第1210条 調査業務及び計画業務の成果	1．調査業務及び計画業務の成果は、特記仕様書に定めのない限り第2編以降の各調査業務及び計画業務の内容を定めた各章の該当条文に定めたものとする。	（削除）	
	2．受注者は、業務報告書の作成にあたって、その検討・解析結果等を特記仕様書に定められた調査・計画項目に対応させて、その検討・解析等の過程と共にとりまとめるものとする。	（削除）	
	3．受注者は、現地踏査を実施した場合には、現地の状況を示す写真と共にその結果をとりまとめることとする。	（削除）	
	4．受注者は、検討、解析に使用した理論、公式の引用、文献等並びにその計算過程を明記するものとする。	（削除）	
	5．受注者は、成果品の作成にあたって、成果品一覧表又は特記仕様書によるものとする。	（削除）	
第1211条 設計業務の成果	成果の内容については、次の各号についてとりまとめるものとする。	設計成果物の内容については、次の各号についてとりまとめるものとする。	

	（1）設計業務成果概要書 設計業務成果概要書は、設計業務の条件、特に考慮した事項、コントロールポイント、検討内容、施工性、経済性、耐久性、美観、環境等の要件を的確に解説し取りまとめるものとする。	（1）設計成果物概要書 設計成果物概要書は、設計の条件、特に考慮した事項、コントロールポイント、検討内容、施工性、経済性、耐久性、美観、環境等の要件を的確に解説し取りまとめるものとする。	
	（2）設計計算書等 計算項目は、この共通仕様書及び特記仕様書によるものとする。	（同左）	
	（3）設計図面 設計図面は、特記仕様書に示す方法により作成するものとする。	（同左）	
	（4）数量計算書 数量計算書は、「土木工事数量算出要領（案）」（国土交通省・平成23年度版）により行うものとし、算出した結果は、「土木工事数量算出要領数量集計表（案）」（国土交通省・平成23年度版）に基づき工種別、区間別に取りまとめるものとする。ただし、概略設計及び予備設計については、特記仕様書に定めのある場合を除き、一般図等に基づいて概略数量を算出するものとする。	（4）数量計算書 数量計算書は、「土木工事数量算出要領（案）」（国土交通省・平成23年度版）により行うものとし、算出した結果は、「土木工事数量算出要領数量集計表（案）」（国土交通省・平成23年度版）に基づき工種別、区間別に取りまとめるものとする。	
	（5）概算工事費 概算工事費は、調査職員と協議した単価と、前号ただし書きに従って算出した概略数量をもとに算定するものとする。	（削除）	
	（6）施工計画書 1）施工計画書は、工事施工に当たって必要な次の事項の基本的内容を記載するものとする。 （イ）計画工程表（ロ）使用機械（ハ）施工方法（ニ）施工管理（ホ）仮設備計画（ヘ）特記事項その他 2）特殊な構造あるいは特殊な工法を採用したときは、施工上留意すべき点を特記事項として記載するものとする。	（削除）	
	（7）現地踏査結果 受注者は、現地踏査を実施した場合には、現地の状況を示す写真と共にその結果をとりまとめることとする。	（同左）	
第1212条 環境配慮の条件	1．受注者は、「循環型社会形成推進基本法」（平成12年6月法律第110号）に基づき、エコマテリアル（自然素材、リサイクル資材等）の使用をはじめ、現場発生材の積極的な利活用を検討し、調査職員と協議のうえ設計に反映させるものとする。	（同左）	
	2．受注者は、「国等による環境物品等の調達の推進等に関する法律）グリーン購入法」（平成15年7月法律第119号）に基づき、物品使用の検討にあたっては環境への負荷が少ない環境物品等の採用を推進するものとする。	（同左）	
	3．受注者は、「建設工事に係る資材の再資源化等に関する法律」（平成23年8月法律第105号）に基づき、再生資源の十分な利用及び廃棄物の減量を図るなど適切な設計を行うものとする。	（同左）	

7.2.2 土木工事共通仕様書（第1編 共通編 1-1-1-2 用語の定義、1-1-1-14 設計図書の変更）の読替条の例

	土木工事共通仕様書	設計・施工一括発注方式の特記仕様書に示す読替条	備考
1-1-1-2 用語の定義 1.監督職員	土木工事においては、本仕様で規定されている監督職員とは、総括監督員、主任監督員、監督員を総称していう。	（同左）	
2.総括監督員	本仕様で規定されている総括監督員とは、監督総括業務を担当し、主に、受注者に対する指示、承諾または協議及び関連工事の調整のうち重要なものの処理、及設計図書の変更、一時中止または打切りの必要があると認める場合における契約担当官等（会計法(平成18年6月7日改正 法律第53号第29条の3第1項)に規定する契約担当官をいう。）に対する報告等を行う者をいう。また、土木工事にあっては主任監督員及び監督員、港湾工事及び空港工事にあっては主任現場監督員及び現場監督員の指揮監督並びに監督業務のとりまとめを行う者をいう。	（同左）	
3.主任監督員、主任現場監督員	本仕様で規定されている土木工事における主任監督員、港湾工事、空港工事における主任現場監督員とは現場監督総括業務を担当し、主に、受注者に対する指示、承諾または協議（重要なもの及び軽易なものを除く）の処理、工事実施のための詳細図等（軽易なものを除く）の作成及び交付または受注者が作成した図面の承諾を行い、また、契約図書に基づく工程の管理、立会、段階確認、工事材料の試験または検査の実施（他のものに実施させ当該実施を確認することを含む）で重要なものの処理、関連工事の調整（重要なものを除く）、設計図書の変更（重要なものを除く）、一時中止または打切りの必要があると認める場合における総括監督員への報告を行う者をいう。また、土木工事にあっては監督員、港湾工事、空港工事にあっては現場監督員の指揮監督並びに現場監督総括業務及び一般監督業務のとりまとめを行う者をいう。	（同左）	
4.監督員、現場監督員	本仕様で規定されている土木工事における監督員、港湾工事及び空港工事における現場監督員は、一般監督業務を担当し、主に受注者に対する指示、承諾または協議で軽易なものの処理、工事実施のための詳細図等で軽易なものの作成及び交付または受注者が作成した図面のうち軽易なものの承諾を行い、また、契約図書に基づく工程の管理、立会、工事材料試験の実施（重要なものは除く。）を行う者をいう。また、土木工事における監督員は段階確認を	（同左）	

7．資料

	行い、港湾工事及び空港工事における現場監督員は、施工状況検査を行う。なお、設計図書の変更、一時中止または打切りの必要があると認める場合において、土木工事にあっては主任監督員、港湾工事及び空港工事にあっては主任現場監督員への報告を行うとともに、一般監督業務のとりまとめを行う者をいう。		
5.契約図書	契約図書とは、契約書及び設計図書をいう。	（同左）	
6.設計図書	設計図書とは、仕様書、図面、現場説明書及び現場説明に対する質問回答書をいう。また、土木工事においては、工事数量総括表を含むものとする。	設計図書とは、別冊の図面、仕様書、数量総括表、現場説明書、現場説明に対する質問回答書及び設計成果物をいう。	
7.仕様書	仕様書とは、各工事に共通する共通仕様書と各工事ごとに規定される特記仕様書を総称していう。	（同左）	
8.共通仕様書	共通仕様書とは、各建設作業の順序、使用材料の品質、数量、仕上げの程度、施工方法等工事を施工するうえで必要な技術的要求、工事内容を説明したもののうち、あらかじめ定型的な内容を盛り込み作成したものをいう。	（同左）	
9.特記仕様書	特記仕様書とは、共通仕様書を補足し、工事の施工に関する明細または工事に固有の技術的要求を定める図書をいう。なお、設計図書に基づき監督職員が受注者に指示した書面及び受注者が提出し監督職員が承諾した書面は、特記仕様書に含まれる。	特記仕様書とは、共通仕様書を補足し、工事に関する明細または工事に固有の技術的要求を定める図書をいう。なお、設計図書に基づき監督職員が受注者に指示した書面及び受注者が提出し監督職員が承諾した書面は、特記仕様書に含まれる。	
10.現場説明書	現場説明書とは、工事の入札に参加するものに対して発注者が当該工事の契約条件等を説明するための書類をいう。	（同左）	
11.質問回答書	質問回答書とは、質問受付時に入札参加者が提出した契約条件等に関する質問に対して発注者が回答する書面をいう。	（同左）	
12.図面	図面とは、入札に際して発注者が示した設計図、発注者から変更または追加された設計図、工事完成図等をいう。なお、設計図書に基づき監督職員が受注者に指示した図面及び受注者が提出し、監督職員が書面により承諾した図面を含むものとする。	（同左）	
13.工事数量総括表	工事数量総括表とは、工事施工に関する工種、設計数量及び規格を示した書類をいう。	数量総括表とは、工事に関する工種、設計数量および規格を示した書類をいう。	
14.指示	指示とは、契約図書の定めに基づき、監督職員が受注者に対し、工事の施工上必要な事項について書面により示し、実施させることをいう。	指示とは、契約図書の定めに基づき、監督職員が受注者に対し、工事に必要な事項について書面により示し、実施させることをいう。	
15.承諾	承諾とは、契約図書で明示した事項について、発注者若しくは監督職員また	（同左）	

	は受注者が書面により同意することをいう。		
16. 協議	協議とは、書面により契約図書の協議事項について、発注者または監督職員と受注者が対等の立場で合議し、結論を得ることをいう。	（同左）	
17. 提出	提出とは、監督職員が受注者に対し、または受注者が監督職員に対し工事に係わる書面またはその他の資料を説明し、差し出すことをいう。	（同左）	
18. 提示	提示とは、監督職員が受注者に対し、または受注者が監督職員または検査職員に対し工事に係わる書面またはその他の資料を示し、説明することをいう。	（同左）	
19. 報告	報告とは、受注者が監督職員に対し、工事の状況または結果について書面により知らせることをいう。	（同左）	
20. 通知	通知とは、発注者または監督職員と受注者または現場代理人の間で、監督職員が受注者に対し、または受注者が監督職員に対し、工事の施工に関する事項について、書面により互いに知らせることをいう。	通知とは、発注者または監督職員と受注者または現場代理人の間で、監督職員が受注者に対し、または受注者が監督職員に対し、工事に関する事項について、書面により互いに知らせることをいう。	
21. 連絡	連絡とは、監督職員と受注者または現場代理人の間で、監督職員が受注者に対し、または受注者が監督職員に対し、契約書第18条に該当しない事項または緊急で伝達すべき事項について、口頭、ファクシミリ、電子メールなどの署名または押印が不要な手段により互いに知らせることをいう。 なお、後日書面による連絡内容の伝達は不要とする。	（同左）	
22. 納品	納品とは、受注者が監督職員に工事完成時に成果品を納めることをいう。	（同左）	
23. 電子納品	電子納品とは、電子成果品を納品することをいう。	（同左）	
24. 情報共有システム	情報共有システムとは、監督職員及び受注者の間の情報を電子的に交換・共有することにより業務効率化を実現するシステムのことをいう。 なお、本システムを用いて作成及び提出等を行った工事帳票については、別途紙に出力して提出しないものとする。	（同左）	
25. 書面	書面とは、手書き、印刷物等による工事打合せ簿等の工事帳票をいい、発行年月日を記載し、署名または押印したものを有効とする。ただし、情報共有システムを用いて作成及び提出等を行った工事帳票については、署名または押印がなくても有効とする。	（同左）	
26. 工事写真	工事写真とは、工事着手前及び工事完成、また、施工管理の手段として各工事の施工段階及び工事完成後目視できない箇所の施工状況、出来形寸法、品質管理状況、工事中の災害写真等を写	（同左）	

	真管理基準に基づき撮影したものをいう。		
27. 工事帳票	工事帳票とは、施工計画書、工事打合せ簿、品質管理資料、出来形管理資料等の定型様式の資料、及び工事打合せ簿等に添付して提出される非定型の資料をいう。	（同左）	
28. 工事書類	工事書類とは、工事写真及び工事帳票をいう。	工事書類とは、設計成果物、工事写真及び工事帳票をいう。	
29. 契約関係書類	契約関係書類とは、契約書第9条第5項の定めにより監督職員を経由して受注者から発注者へ、または受注者へ提出される書類をいう。	（同左）	
30. 工事管理台帳	工事管理台帳とは、設計図書に従って工事目的物の完成状態を記録した台帳をいう。 工事管理台帳は、工事目的物の諸元をとりまとめた施設管理台帳と工事目的物の品質記録をとりまとめた品質記録台帳をいう。	（同左）	
31. 工事完成図書	工事完成図書とは、工事完成時に納品する成果品をいう。	（同左）	
32. 電子成果品	電子成果品とは、電子的手段によって発注者に納品する成果品となる電子データをいう。	（同左）	
33. 工事関係書類	工事関係書類とは、契約図書、契約関係書類、工事書類、及び工事完成図書をいう。	（同左）	
34. 確認	確認とは、契約図書に示された事項について、監督職員、検査職員または受注者が臨場もしくは関係資料により、その内容について契約図書との適合を確かめることをいう。	（同左）	
35. 立会	立会とは、契約図書に示された項目について、監督職員が臨場により、その内容について契約図書との適合を確かめることをいう。	（同左）	
36. 工事検査	工事検査とは、検査職員が契約書第31条、第37条、第38条に基づいて給付の完了の確認を行うことをいう。	（同左）	
37. 検査職員	検査職員とは、契約書第31条第2項の規定に基づき、工事検査を行うために発注者が定めた者をいう。	（同左）	
38. 同等以上の品質	同等以上の品質とは、特記仕様書で指定する品質または特記仕様書に指定がない場合、監督職員が承諾する試験機関の品質確認を得た品質または、監督職員の承諾した品質をいう。 なお、試験機関において品質を確かめるために必要となる費用は、受注者の負担とする。	（同左）	
39. 工期	工期とは、契約図書に明示した工事を実施するために要する準備及び後片付け期間を含めた始期日から終期日までの期間をいう。	（同左）	
40. 工事開始	工事開始日とは、工期の始期日または	（同左）	

日	設計図書において規定する始期日をいう。		
41. 工事着手	工事着手とは、工事開始日以降の実際の工事のための準備工事（現場事務所等の設置または測量をいう。）、詳細設計付工事における詳細設計又は工場製作を含む工事における工場製作工のいずれかに着手することをいう。	工事着手とは管理技術者等が設計の実施のため監督職員との打合せを行うことをいう。	
42. 工事	工事とは、本体工事及び仮設工事、またはそれらの一部をいう。	工事とは、設計及び施工をいう。	
43. 本体工事	本体工事とは、設計図書に従って、工事目的物を施工するための工事をいう。	（同左）	
44. 仮設工事	仮設工事とは、各種の仮工事であって、工事の施工及び完成に必要とされるものをいう。	（同左）	
45. 工事区域	工事区域とは、工事用地、その他設計図書で定める土地または水面の区域をいう。	（同左）	
46. 現場	現場とは、工事を施工する場所及び工事の施工に必要な場所及び設計図書で明確に指定される場所をいう。	（同左）	
47. SI	SI とは、国際単位系をいう。	（同左）	
48. 現場発生品	現場発生品とは、工事の施工により現場において副次的に生じたもので、その所有権は発注者に帰属する。	（同左）	
49. JIS規格	JIS規格とは、日本工業規格をいう。	（同左）	
1-1-14 設計図書の変更	設計図書の変更とは、入札に際して発注者が示した設計図書を、発注者が指示した内容及び設計変更の対象となることを認めた協議内容に基づき、発注者が修正することをいう。	設計図書の変更とは、入札に際して発注者が示した設計図書を、発注者が指示した内容及び設計変更の対象となることを認めた協議内容に基づき、発注者が修正することをいう。また、受注者が設計した設計成果物に関して発注者が指示した内容及び変更の対象となることを認めた協議内容に基づき、受注者が修正することを含む。	

7.2.3 用語の定義の追加条の例（設計業務等共通仕様書及び土木工事共通仕様書に共通）

1．設計図書（設計成果物を除く。）
「設計図書（設計成果物を除く。）」とは、別冊の図面、仕様書、数量総括表、現場説明書及び現場説明に対する質問回答書をいう。
2．設計
「設計」とは、工事目的物の設計、仮設の設計及び設計に必要な調査又はそれらの一部をいう。
3．施工
「施工」とは、工事目的物の施工及び仮設の施工又はそれらの一部をいう。
4．工事目的物
「工事目的物」とは、この契約の目的物たる構造物をいう。
5．設計成果物
「設計成果物」とは、受注者が設計した工事目的物の施工及び仮設の施工に必要な成果物又はそれらの一部をいう。

7.3 公共土木設計施工標準請負契約約款の制定の経緯

7.3.1 背景

公共土木事業における契約は、調査設計業務では国土交通省の通達による「公共土木設計業務等標準委託契約約款」、工事では中央建設業審議会が決定した「公共工事標準請負契約約款」が一般的には用いられている。一方、設計・施工一括発注方式、CM方式など多様な入札契約方式の試行及び本格導入が行われてきているが、対応する標準契約約款が無いため発注者が個々に契約書を作成している状況にある。新たな方式に適用する契約書を発注者が作成する負担を軽減することにより、その普及に資するため、土木学会（建設マネジメント委員会）において多様な入札契約方式に対応した標準契約約款を制定することとした。

(参考)英国や米国の土木学会においては、多様な契約約款をこれまでにも発刊してきている。

7.3.2 標準契約約款の策定体制

標準契約約款の策定体制は次のとおりである。

- 土木学会建設マネジメント委員会に、契約約款企画小委員会と契約約款制定小委員会の2つの特別小委員会を設置した。それぞれの構成は表7-1、表7-2に示すとおりである。
- 契約約款企画小委員会は、標準契約約款の原案を作成する。
- 契約約款制定小委員会は、公共事業の契約における発注者、受注者及び第三者の立場の委員で構成し、契約約款企画小委員会で作成した標準契約約款案を審議し、決定する。
- 契約約款制定小委員会で決定した標準契約約款案については建設マネジメント委員会の承認を得る。
- 必要の応じ一般の方々からの意見募集等を行い標準契約約款に反映する。
- 決定した標準契約約款は土木学会理事会に報告するとともに、ホームページにて公開する。

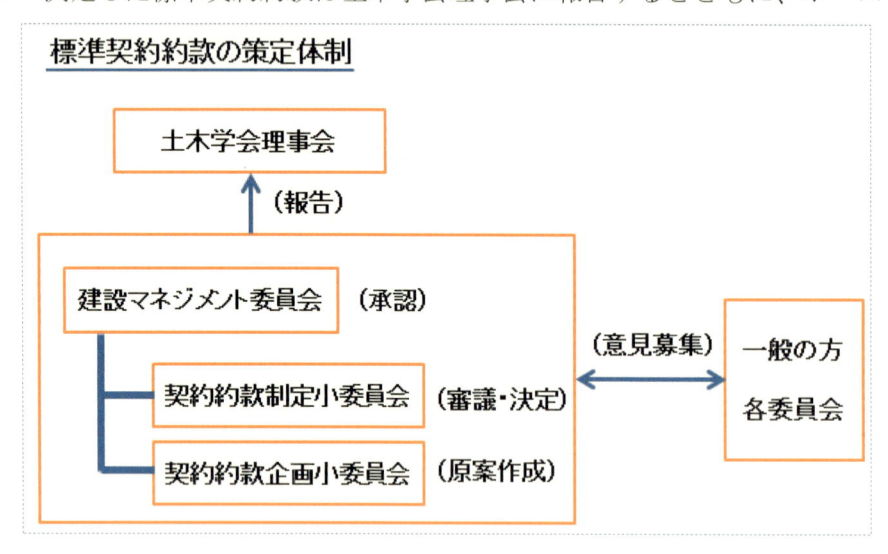

7.3.3 制定の経緯

① 契約約款企画小委員会において、2012年度より検討を行い、原案を作成した
② 契約約款制定小員会を設置することを2013年10月に決定、小委員長含め21名の委員を委

嘱した。
③ 契約約款制定小員会の審議は3回（2014年1月22日、5月20日、7月31日）行われ、「公共土木設計施工標準請負契約約款（案）」及び「利用の手引き（案）」を決定し、9月には、建設マネジメント委員会から承認を得た。
④ 9月26日に、土木学会理事会に中間報告を行った。
⑤ 10月10日～11月10日に一般からの意見募集（パブリックコメント）を行い、8者から合計で68項目の意見が提出された。
⑥ パブリックコメントで提出された意見に対する対応案、及び「公共土木設計施工標準請負契約約款」及び「利用の手引き」の修正案について、契約約款制定小委員会の確認及び建設マネジメント委員会の承認を得て、12月8日付で決定した。
⑦ 2015年1月より、ホームページにおいて公開している。
⑧ 2015年1月23日の土木学会理事会に最終報告を行った。

表7-1　土木学会建設マネジメント委員会契約約款企画小員会　委員名簿

小委員長　小澤 一雅	川俣 裕行	近藤 和正	鈴木 久尚
天満 知生	中牟田 亮	西畑 賀夫	古田口 正志
松本 直也	森田 康夫	山地 伸弥	山本 貴弘

（小委員長以外は50音順）

表 7-2　土木学会建設マネジメント委員会契約約款制定小委員会　委員名簿

委員名	勤務先	備考(専門分野・所属団体等)
小委員長　福田昌史	(一社)四国クリエイト協会	建設マネジメント委員会顧問（元委員長）
相場淳司（～2014年6月）	東京都	行政（地方公共団体）
赤村重紀	東京電力(株)	電力会社
大橋　弘	東京大学大学院経済学研究科	経済学
大森文彦	東洋大学法学部・大森法律事務所	法律
奥山宏二（2014年7月～）	東京都	行政（地方公共団体）
小澤一雅	東京大学大学院工学研究科	土木・建設マネジメント委員会前委員長
小野博之	国際航業(株)	(一社)全国測量設計業協会連合会
梶　太郎	大林道路(株)	(一社)日本道路建設業協会
神尾哲也	戸田建設(株)	(一社)全国建設業協会
亀澤　靖	大成建設(株)	(一社)日本建設業連合会
亀山誠人	三井住友建設(株)	(一社)プレストレスト・コンクリート建設業協会
佐藤守孝（2014年7月～）	国土交通省	行政（国）
竹中裕文	(株)駒井ハルテック	(一社)日本橋梁建設協会
中田裕人（～2014年6月）	国土交通省	行政（国）
中西　勉	東日本高速道路(株)	道路会社
中村俊智（2014年7月～）	五洋建設(株)	(一社)日本埋立浚渫協会
藤野　眞（～2014年6月）	東亜建設工業(株)	(一社)日本埋立浚渫協会
細川　憲	大崎建設(株)	(一社)建設産業専門団体連合会
水野高志	八千代エンジニヤリング(株)	(一社)建設コンサルタンツ協会
美谷邦章	東日本旅客鉄道(株)	鉄道会社・建設マネジメント委員会委員
宮田　亮	国土交通省	行政（国）
森戸義貴	国土交通省	行政（国）・建設マネジメント委員会委員
山本　聡	(一社)全国地質調査業協会連合会	(一社)全国地質調査業協会連合会

（小委員長以外は50音順）

事務局

事務局長	松本直也
事務局員	土木学会建設マネジメント委員会契約約款企画小委員会委員

建設マネジメント委員会の本

書名	発行年月	版型：頁数	本体価格
土木技術者のための原価管理	平成13年11月	A4：210	
※土木技術者のための原価管理　問題と解説	平成20年3月	A4：125	1,000
※技術公務員の役割と責務－今問われる自治体土木職員の市場価値－	平成22年11月	A5：96	1,400
※土木技術者のための原価管理　2011年改訂版	平成24年2月	A4：265	2,500
※未来は土木がつくる。　これが僕らの土木スタイル！	平成27年3月	A5：217	1,200
※2014年制定　公共土木設計施工標準請負契約約款の解説	平成27年4月	A4：196	

建設マネジメントシリーズ一覧

	号数	書名	発行年月	版型：頁数	本体価格
※	1	建設マネジメントシンポジウム　公共調達制度を考えるシリーズ①	平成20年5月	A4：228	2,500
※	2	土壌・地下水汚染対策事業におけるリスクマネジメント －失敗事例から学び、マネジメントの本質に迫る－	平成20年5月	A4：136	2,700
※	3	建設マネジメントシンポジウム　公共調達制度を考えるシリーズ②	平成20年9月	A4：216	2,500
	4	インフラ事業における民間資金導入への挑戦	平成20年10月	A4：246	
※	5	建設マネジメントシンポジウム　公共調達制度を考えるシリーズ③	平成20年12月	A4：218	2,500
※	6	公共調達制度を考える　－総合評価・復興事業・維持管理－	平成27年3月	A4：140	2,600

※は，土木学会および丸善出版にて販売中です．価格には別途消費税が加算されます．

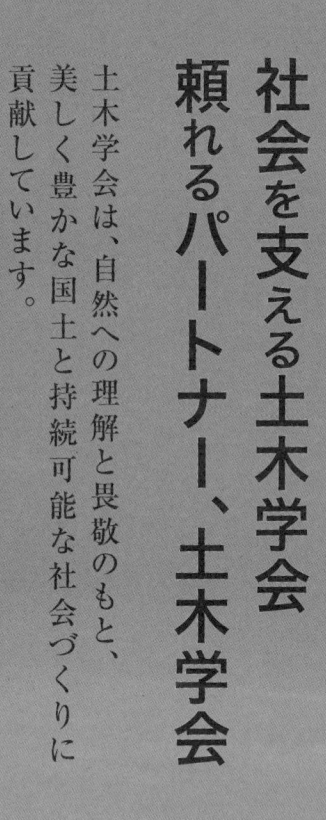

社会を支える土木学会
頼れるパートナー、土木学会

土木学会は、自然への理解と畏敬のもと、美しく豊かな国土と持続可能な社会づくりに貢献しています。

土木学会の会員になりませんか！

土木学会の取組みと活動
- 防災教育の普及活動
- 学術・技術の進歩への貢献
- 社会への直接的貢献
- 会員の交流と啓発
- 土木学会全国大会（毎年）
- 技術者の資質向上の取組み（資格制度など）
- 土木学会倫理普及活動

土木学会の本
- 土木学会誌（毎月会員に送本）
- 土木学会論文集（構造から環境の分野を全てカバー／J-stageに公開された最新論文の閲覧／論文集購読会員のみ）
- 出版物（示方書から一般的な読み物まで）

公益社団法人 土木學會
TEL：03-3355-3441（代表）／FAX：03-5379-0125
〒160-0004　東京都新宿区四谷1丁目（外濠公園内）

土木学会へご入会ご希望の方は、学会のホームページへアクセスしてください。
http://www.jsce.or.jp/

定価（本体 1,700 円＋税）

2014 年制定　公共土木設計施工標準請負契約約款の解説

平成 27 年 6 月 1 日　第 1 版・第 1 刷発行

編集者……公益社団法人　土木学会　建設マネジメント委員会
　　　　　　契約約款企画小委員会
　　　　　　委員長　小澤　一雅
　　　　　　　　　　松本　直也
発行者……公益社団法人　土木学会　専務理事　大西　博文

発行所……公益社団法人　土木学会
　　　　　〒160-0004　東京都新宿区四谷 1 丁目（外濠公園内）
　　　　　　TEL　03-3355-3444　FAX　03-5379-2769
　　　　　　http://www.jsce.or.jp/
発売所……丸善出版株式会社
　　　　　〒101-0051　東京都千代田区神田神保町 2-17　神田神保町ビル
　　　　　　TEL　03-3512-3256　FAX　03-3512-3270

©JSCE2015／The Construction Management Committee
ISBN978-4-8106-0851-9
印刷・製本・用紙：奥村印刷（株）

・本書の内容を複写または転載する場合には、必ず土木学会の許可を得てください。
・本書の内容に関するご質問は、E-mail（pub@jsce.or.jp）にてご連絡ください。